王建荣

中国茶叶博物馆原馆长
中国国际茶文化研究会原副秘书长
问山茶馆馆主

国际十大杰出贡献茶人,2013年度"陆羽奖"获奖人。学茶三十载,师从刘祖生、童启庆、杨贤强等德高望重的茶学家,继承了他们的丰厚学识、严谨态度,也继承了他们对茶的全心全意。数十载不遗余力地推广茶文化,陆续编著了40余册茶叶相关书籍,其中《茶道:从喝茶到懂茶》《陆羽茶经:经典本》等累计销售30万册,深受业界好评和读者认可。

至若茶之为物○檀瓯闽之秀气
钟山川之灵禀○祛襟涤滞○致
清导和○则非庸人孺子可得而
知矣○冲淡简洁○韵高致静○
则非遑遽之时可得而好尚矣○

大观茶论 寻茶问道

○ [宋] 赵佶 原著 ○

中国茶叶博物馆原馆长
中国国际茶文化研究会原副秘书长
王建荣 编译

江苏凤凰科学技术出版社

· 南京 ·

图书在版编目 (CIP) 数据

大观茶论 寻茶问道 / 王建荣编译. —南京：江苏凤凰科学技术出版社，2022.01
（2024.07重印）
（汉竹·健康爱家系列）
ISBN 978-7-5713-0872-8

Ⅰ.①大… Ⅱ.①王… Ⅲ.①茶文化－中国－宋代 Ⅳ.①TS971.21

中国版本图书馆CIP数据核字（2021）第190779号

大观茶论 寻茶问道

原　　　著	[宋]赵　佶
编　　　译	王建荣
责 任 编 辑	刘玉锋　阮瑞雪
特 邀 编 辑	荣　仪
责 任 校 对	仲　敏
责 任 监 制	刘文洋

出 版 发 行	江苏凤凰科学技术出版社
出版社地址	南京市湖南路1号A楼，邮编：210009
出版社网址	http://www.pspress.cn
印　　　刷	南京新世纪联盟印务有限公司

开　　　本	720 mm×1 000 mm　1/16
印　　　张	14
插　　　页	4
字　　　数	280 000
版　　　次	2022年1月第1版
印　　　次	2024年7月第10次印刷

标 准 书 号	ISBN 978-7-5713-0872-8
定　　　价	59.80元（精）

图书如有印装质量问题，可向我社印务部调换。

〇宋徽宗赵佶（一〇八二年至一一三五年）

〇宋神宗第十一子、宋哲宗之弟，宋朝第八位皇帝。先后被封为遂宁王、端王。哲宗元符三年（一一〇〇年）正月病逝时无子，皇太后向氏于同月立赵佶为帝。第二年改年号为『建中靖国』。在位近二十六年，金军破汴京时被俘，受折磨而死，终年五十三岁，葬于永佑陵（今浙江省绍兴市柯桥区东南三十五里处）。他自创一种书法字体，被后人称为『瘦金体』；他热爱画花鸟画，自成一体。他是古代少有的艺术天才与全才，被后世评为『诗文字画诸事皆能，但不能为君耳』。编写《宋史》的官员也感慨地说『宋不立徽宗，不纳张觉，金虽强，何衅以伐宋哉』。〇而天下之士，励志清白，竞为闲暇修索之玩，莫不碎玉锵金，啜英咀华，较篚笥之精，争鉴裁之妙。

○ 近年来，随着传统文化的复兴和美学的抬头，宋朝频频被提起，甚至引发了一股"宋朝热"。人们之所以对宋朝念念不忘，不仅因为它是文化登峰造极的时代，更因为宋人风雅精致的生活方式，可以说它是艺术与生活通融的生活美学的源头，即使是当代也有所不及。

"天之赋人以眼、鼻、舌，即予之以色、香、味，虽其间之好尚不同，雅俗则因之而判。"点茶、焚香、插花、挂画，这关乎"色、香、味"的"四般闲事"，由宋人赋予了雅的品质，并为后世奠定了风雅的基调。其中，以点茶为"四艺"之首。

如果说唐朝首开饮茶之风尚，那么两宋无疑是中国茶文化的鼎盛期。宋朝，上至皇室贵族，下至贩夫走卒，都以饮茶、斗茶为生活时尚。茶事之盛，促使宋代贡茶体系不断发展，到徽宗时达到巅峰。

序

宋徽宗博学好古，对精美之物"喜而弄之"，情之至者，一往而深，字画、湖石、美器……茶事亦如是。宋徽宗将宋代点茶推向了极致，甚至专门写了一篇《大观茶论》。

皇帝撰写的茶学论著，迄今为止仅此一篇，这使得《大观茶论》在众多茶书中卓然而立。全篇立论清晰，辞藻文雅，对宋代茶事进行了系统的阐述，从生产制作、择器选水，到点茶手法、评判标准，无不精到。

我的主要研究方向是茶叶深加工与功能成分利用、茶叶加工理论与技术。随着科学技术的发展，现代茶叶加工更加精细化，生产加工逐渐往机械化、自动化、标准化的方向转变。

但回过头去看宋代的工艺，依旧令人惊叹不已。宋人对山场、工艺这些技术范畴的理解，加工工艺的丰富性，在技术层面上对当今的茶叶从业者依然有所启发。

在科技发达和物质充盈的时代，传统有时会被看作是故意的标新立异，但其实只是回到源头而已。客观、理性地看待传统，创新才能更上一层楼。茶文化的复兴，要有新的思路、新的形式，才能得以焕发光彩。

茶有格，时时浸染，或能得其一二。

本书编译者王建荣，茶学科班出身，浸淫博物馆数十载，有着深厚的茶学功底。这本《大观茶论寻茶问道》，他花费了三年时间校勘、编撰，始终秉持着严谨细致的态度。在这本书里，一个创作者的精神随处可观。在古籍版本上，本书选择了宛委山堂本《说郛》、涵芬楼本《说郛》和《古今图书集成》本三本合校；对古籍原文，本书作了详细注释与译文，配以丰富的照片和插画，精准还原历史细节。更有"古今大观"部分，串联宋代与现今，明晰中国茶道的演进历程。让我们通过经典，重回兼备大俗与大雅的"黄金时代"，体验宋人躬身实践的种种生活情趣。所以读者们不要有压力，以轻松的心态去阅读它吧。以茶为钥，打开传统文化的大门，让我们去往更远的地方。

是为序。◯

中国工程院院士

刘仲华

2021 年 10 月

题文会图

儒林华国古今同
吟咏飞毫醒醉中
多士作新知入毂
画图犹喜见文雄

臣京谨依
韵和进

明时不与有唐同
八表人趋大道中
丁见当年十八士
经纶谁是出群雄

[宋] 赵佶 文会图 该画是宋徽宗最著名的书画作品之一，描绘了宋代文人雅士会集品茗、饮酒的盛大场面。画面最下方为童仆侍从备茶（左半部分）和备酒（右半部分）。

序

尝谓首地而倒生○所以供人之求者○其类不一○谷粟之于饥○丝枲之于寒○虽庸人孺子皆

知常须而日用○不以岁时之舒迫而可以兴废也○至若茶之为物○擅瓯闽之秀气○钟山川

之灵禀○祛襟涤滞○致清导和○则非庸人孺子可得而知矣○冲淡简洁○韵高致静○则非遑遽

之时可得而好尚矣○

本朝之兴○岁修建溪之贡○龙团凤饼○名冠天下○而壑源之品亦自此而盛○延及于今○百废

俱举○海内晏然○垂拱密勿○幸致无为○缙绅之士韦布之流○沐浴膏泽○熏陶德化○咸以雅

尚相推○从事茗饮○故近岁以来○采择之精○制作之工○品第之胜○烹点之妙○莫不咸造其

极○且物之兴废○固自有时○然亦系乎时之污隆○时或遑遽○人怀劳悴○则向所谓常须而日

用○犹且汲汲营求○惟恐不获○饮茶何暇议哉○世既累洽○人恬物熙○则常须而日用者○固

久厌饫狼藉○而天下之士○励志清白○竞为闲暇修索之玩○莫不碎玉锵金○啜英咀华○较箧

笥之精○争鉴裁之妙○虽否士于此时○不以蓄茶为羞○可谓盛世之清尚也○

呜呼○至治之世○岂惟人得以尽其材○而草木之灵者亦得以尽其用矣○偶因暇日○研究精

微○所得之妙○后人有不自知为利害者○叙本末○列于二十篇○号曰茶论

尝谓首地而倒生[1]，所以供人之[一]求者，其类不一。谷粟之于饥，丝枲[2]之于寒，虽庸人孺子皆知。常须而日用，不以岁时[二]之舒迫而可以兴废也。至若茶之为物，擅瓯闽[3]之秀气，钟山川之灵禀，祛襟涤滞[4]，致清导和[5]，则非庸人孺子可得而知矣。冲淡简洁[6][三]，韵高致静，则非遑遽[7]之时可得而好尚[8]矣。

本朝之兴，岁修建溪之贡[9]，龙团凤饼[10]，名冠天下，而壑源[11]之品亦自此而盛。延及于今，百废俱举，海内晏然，垂拱密勿[12]，幸致无为。缙绅之士[13]、韦布之流[14]，沐浴膏泽，熏陶德化，咸[四]以雅尚相推，从事茗饮。故近岁以来，采择之精，制作之工[15]，品第之胜[16]，烹点之妙，莫不咸[五]造其极。且物之兴废，固自有时，然亦系乎时之污隆[17]。时或遑遽，人怀劳悴，则向[18]所谓常须而日用，犹且汲汲营求[19]，惟恐不获，饮茶何暇议哉！世既累洽[20]，人恬物熙[21]，则常须而日用者，固久厌饫狼藉[22]。而天下之士，励志清白，竞为闲暇修索之玩[23]，莫不碎玉锵金[24]，啜英咀华[25]，较箧笥[26][六]之精，争鉴裁[27]之妙[七]。虽否士[28][八]于此时，不以蓄茶为羞，可谓盛世之清尚也。

呜呼！至治之世[29]，岂惟人得以尽其材，而草木之灵者，亦得以尽其用矣！偶因暇日，研究精微，所得之妙，后人有不自知为利害者，叙本末，列于二十篇，号曰《茶论》。

注：红色字为宋徽宗对茶较为精彩的描述，辞藻凝练而富有文学性，时至今日依然适用，体现了饮茶文化的核心价值。

1. 首地而倒生：草木由下向上生长枝叶，故称草木为"倒生"。

2. 丝枲：生丝和麻。

3. 瓯闽：指浙江南部与福建一带。

4. 祛襟涤滞：祛除胸中郁气，洗涤腹中积滞。襟，衣的交领，此处指胸中郁气。

5. 致清导和：使人清正平和。

6. 冲淡简洁：冲和淡泊、简约洁净，形容的是茶之境界。

7. 遑遽：恐慌，慌乱。

8. 好尚：爱好，崇尚。

9. 建溪之贡：宋代建州产名茶、贡茶，正在建溪流域，故以建溪代指建茶。

10. 龙团凤饼：即宋代贡茶龙凤团茶，为福建北苑精制的上品贡茶。其茶属紧压茶类，因茶饼表面有龙、凤纹饰而得名。

11. 壑源：壑源岭，周抱北苑之群山，与之冈阜相连，所产之茶堪与北苑相媲美。北苑和壑源同属最著名的官焙，北苑为唯一的龙焙。

12. 垂拱密勿：形容太平无事，无为而治。垂拱，垂衣拱手，无须做事；密勿，勤勉谨慎。

13. 缙绅之士：缙绅，插笏于绅带间，旧时官宦的装束，借指士大夫。

14. 韦布之流：韦带布衣，古指未仕者或平民的寒素服装，借指平民百姓。

15. 工：精致。

16. 品第之胜：品评之事的兴盛。品第，评定并分列次第。

17. 系乎时之污隆：指世道的兴衰或政治的兴替。污隆，升降。

18. 向：刚才，指上文。

19. 汲汲营求：急切追求。汲汲，急切的样子。

20. 累洽：太平相承。指宋代承平日久，盛世相继。

21. 人恬物熙：人民安宁，事物和美。

22. 厌饫狼藉：饮食饱足以致大量堆积。吃饱，吃腻，满足；狼藉，散乱堆积。

23. 闲暇修索之玩：空闲时修行探索的玩赏之好。

24. 碎玉锵金：指用碾将茶碾碎。碎玉，将茶碾成碎末；锵金，碾茶时金属茶碾碰撞发出的声音。

25. 啜英咀华：指饮茶。啜，饮；咀，含在嘴里品味；英、华，精华。

26. 箧笥：藏物的竹器，这里指代藏的茶。

27. 鉴裁：审评裁定茶的优劣。

28. 否士：质朴之人。否，通"鄙"，放在名词前，用以谦称自己或与自己有关的事物，此处意为质朴。

29. 至治之世：安定昌盛、教化大行的时世。宋徽宗认为当时就是这样的时代。

○ 北苑茶焙遗址，位于今福建省建瓯市，其所生产的"龙团""凤饼"被誉为极品

校勘记

《大观茶论》今存刊本有明初陶宗仪《说郛》本两种(宛委山堂本《说郛》,简称宛本,一百二十卷;涵芬楼本《说郛》,简称涵本,一百卷)以及《古今图书集成》本。今以宛本为底本,三本合校,择善而从。

【一】之:底本脱,据涵本补。
【二】岁时:底本作“时岁”,据涵本改。
【三】冲淡简洁:冲,底本作“中”,据涵本改;简,底本作“间”,据涵本改。
【四】咸:底本作“盛”,形近而误,据涵本改。
【五】咸:底本作“盛”,据涵本改。
【六】筐筥:底本作“筐篋”,据涵本改。
【七】妙:底本作“别”,据涵本改。
【八】否士:底本作“下士”,据涵本改。

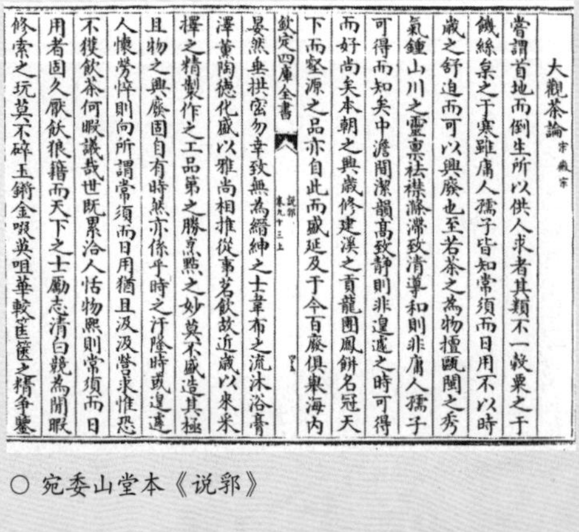

大觀茶論 宋徽宗
嘗謂首地而倒生所以供人求者其類不一穀粟之于
饑絲枲之于寒雖庸人孺子皆知常須而日用不以時
歲之舒迫而可以興廢也至若茶之為物擅甌閩之秀
氣鍾山川之靈禀祛襟滌滯致清導和則非庸人孺子
可得而知矣中澹間潔韻高致静則非遑遽之時可得
而好尚矣本朝之興歲修建溪之貢龍團鳳餅名冠天
下而壑源之品亦自此而盛延及于今百廢俱舉海内
欽定四庫全書 說郛卷九十三上
晏然垂拱密勿幸致無為縉紳之士韋布之流沐浴膏
澤薰陶德化盛以雅尚相推從事茗飲故近歲以來釆
擇之精製作之工品第之勝烹點之妙莫不盛造其極
且物之興廢固自有時然亦係乎時之汙隆時或遑遽
人懷勞悴則向所謂常須而日用猶且汲汲營求惟恐
不獲飲茶何暇議哉世既累洽人恬物熙則常須而日
用者固久厭飫狼籍而天下之士勵志清白競為閑暇
修索之玩莫不碎玉鏘金啜英咀華較筐篋之精爭鑒

○ 宛委山堂本《说郛》

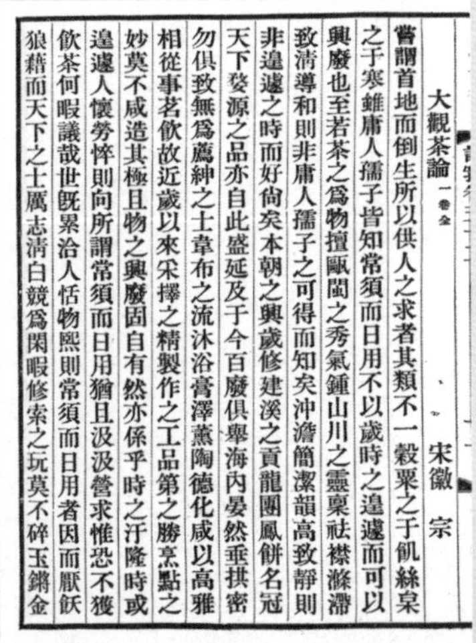

大觀茶論 一卷全 宋徽宗
嘗謂首地而倒生所以供人之求者其類不一穀粟之于飢絲枲
之于寒雖庸人孺子皆知常須而日用不以歲時之遑遽而可以
興廢也至若茶之爲物擅甌閩之秀氣鍾山川之靈稟祛襟滌滯
致清導和則非庸人孺子之可得而知矣沖澹簡潔韻高致靜則
非遑遽之時而好尚矣本朝之興歲修建溪之貢龍團鳳餅名冠
天下發源之品亦自此盛延及于今百廢俱舉海內晏然垂拱密
勿俱致無爲薦紳之士韋布之流沐浴膏澤薰陶德化咸以高雅
相從事茗飲故近歲以來采擇之精製作之工品第之勝烹點之
妙莫不咸造其極且物之興廢固自有然亦係乎時之汙隆時或
遑遽人懷勞悴則向所謂常須而日用猶且汲汲營求惟恐不獲
飲茶何暇議哉世既累洽人恬物熙則常須而日用者因而厭飫
狼藉而天下之士厲志清白競爲閑暇修索之玩莫不碎玉鏘金

○ 涵芬楼本《说郛》

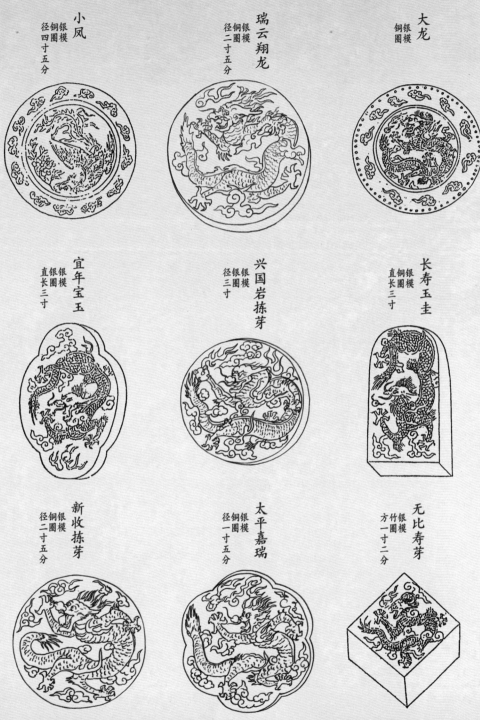

小凤
银模
铜圈
径四寸五分

瑞云翔龙
银模
铜圈
径二寸五分

大龙
银模
铜圈

宜年宝玉
银模
铜圈
直长三寸

兴国岩拣芽
银模
铜圈
径三寸

长寿玉圭
银模
铜圈
直长三寸

新收拣芽
银模
铜圈
径二寸五分

太平嘉瑞
银模
铜圈
径一寸五分

无比寿芽
银模
竹圈
方一寸二分

○ 上图为熊蕃《宣和北苑贡茶录》中所记载的贡制龙凤团饼部分图谱，其纹饰精巧，
栩栩如生，堪称贵重奢华。它们有独特的造型，如圆形、方形、花形等；也都有吉祥
的茶名，如太平嘉瑞、长寿玉圭、无疆寿龙、龙苑报春、玉清庆云等。精湛的工艺和
祥瑞的寓意让北宋贡茶冠绝天下

人们常说，由下而上生长枝叶的草木植物，能够满足人们不同的生活需求。稻、谷、粟、米用来充饥，生丝、棉、麻用来御寒，这是常人和小孩都知道的事。日常生活的必需品，不会因为年景好坏而可以兴废。至于茶，它凝聚了闽瓯之地的灵秀之气，汇集着名山大川的仙灵禀性，（饮茶）能够祛除郁结，荡涤胸襟，使人达到清正平和的心境，这种妙处不是常人和小孩所能领会的。饮茶带来的冲淡简洁、意态宁静的境界，也不是慌乱无措之时所能崇尚和享受的。

大宋建朝之初，专门派使者在建溪一带焙制茶叶进贡，"龙团""凤饼"等茶名冠天下，而壑源的珍品也从此繁盛。延至今日，百废俱兴，天下安定，君臣勤勉治国，有幸造就了无为而治的升平盛世。

官宦、富商和平民百姓，都沐浴着朝廷的恩泽，受到道德教化的熏陶，推崇高雅之事，参与茗饮茶事。所以近年来，茶叶采摘之精细、制作工艺之精巧、茶叶品评之兴盛、烹水点茶之精妙，无不达到空前的境地。事物的兴盛或衰败，固然有它的内在规律，但是也和世道的盛衰相关联。如果时世动荡，人心慌乱，百姓劳苦，为日常生活所需疲于奔命，急切追求，就怕得不到，谁还会有闲心考虑饮茶这等雅事呢？现如今，世代相承太平无事，人人生活安逸舒适，那些日常所需的食物和生活用品长期以来已经很充足，所以被大量堆积。而天下之士，一心向往清静、高雅的志趣，竞相追求娴静雅致的玩赏爱好，无不醉心于碾茶点茶，品赏好茶。人们争相比较各自收藏茶叶的精良，较量品鉴茶叶水平的高妙。即使是质朴之人，处于这样的时代也不会把收藏茶叶当作羞耻之事，真的可以称得上是盛世的清雅风尚！

啊呀！在安定昌盛、教化大行的时代，岂止是人能够使出全部的才干，就连那些灵秀的草木也能尽其用啊。正好借着清闲的时间，探究茶的精深微妙，领会到的奥妙，又担心后人不知其利害，因而陈述茶事的本末，共计二十篇，命名为《茶论》。

[宋] 赵佶 晴麓横云图（局部） 宋徽宗艺术造诣成就空前，他流传的画作以花鸟为多，山水十分罕见。图中如海中仙山的群峰，明净又大气。

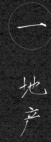

一 地产

植产之地。崖必阳。圃必阴。盖石之性寒。其叶抑以瘵。其味疏以薄。必资阳和以发之。土之性敷。其叶疏以暴。其味强以肆。必资阴颐以节之。令园蒙贯植木以资茶之阴 阴阳相济。则茶之滋长得其宜。

植产之地，崖必阳，圃必阴[30]。盖石【九】之性寒，其叶抑以瘠[31]，其味疏以薄[32]，必资阳和以发之；土之性敷[33]，其叶疏以暴[34]，其味强以肆[35]，必资阴荫以节之（今圃家皆植木，以资茶之阴）。阴阳相济，则茶之滋长得其宜。

---

30. 崖必阳，圃必阴：山崖坡地一定要向阳，园圃一定要有遮阴。这与陆羽《茶经》所述的"阳崖阴林"同理。

31. 抑以瘠：受到抑制而瘦弱。抑，受抑制；瘠，瘦小。

32. 疏以薄：贫乏而淡薄。

33. 敷：供给充足，肥沃。

34. 疏以暴：舒展而生长迅速。

35. 强以肆：浓强而无节制。

【译 文】

种植茶树的地方，如果是山崖，一定要选择阳光充足之地；如果是园圃，一定要有遮阴。山崖坡地由山石风化而成的烂石土壤性寒，茶树生长受到抑制，叶片就瘦小，茶味就淡薄，因此必须依靠和暖的阳光来促进茶叶生长。而园圃的土壤质地肥沃，茶叶生长太快，叶片就大而薄，茶味就会显得过于浓强而涩，因此必须借助树木遮阴来节制茶叶的生长（现今茶园管理者都种高大乔木来为茶树遮阴以调控茶树的生长）。阴阳相济，达到和谐，才最适宜茶树生长。

○ 唐 陆羽《茶经》○

一之源

其地，上者生烂石，中者生砾壤，下者生黄土。

凡艺而不实，植而罕茂，法如种瓜，三岁可采。野者上，园者次。阳崖阴林，紫者上，绿者次。笋者上，牙者次。叶卷上，叶舒次。阴山坡谷者，不堪采掇，性凝滞，结瘕疾。

阳崖阴林

陆羽指出了种植茶树需要满足的四个条件：向阳、山坡、烂石土壤、大树遮阴。宋徽宗在"阳崖阴林"的基础上提出"崖必阳，圃必阴"，是对陆羽思想的进一步阐发。

○ 明 许次纾《茶疏》○

产茶

天下名山，必产灵草。江南地暖，故独宜茶。大江以北，则称六安，然六安乃其郡名，其实产霍山县之大蜀山也。茶生最多，名品亦振。河南、山陕人皆用之。

……

钱塘诸山，产茶甚多，南山尽佳，北山稍劣。北山勤于用粪，茶虽易茁，气韵反薄。往时颇称睦之鸠坑，四明之朱溪，今皆不得入品。武夷之外，有泉州之清源，倘以好手制之，亦是武夷亚匹，惜多焦枯，令人意尽。楚之产曰宝庆，滇之产曰五华，此皆表表有名，犹在雁茶之上。

江南宜茶

许次纾认为"江南地暖"，适宜产茶，并记录了当时的若干名茶，大约有30种。

钱塘茶山

钱塘的茶山非常多，但南山和北山的生长环境不同，决定了茶树种植方式不一样，产茶品质就会出现较大的差异。南山自然条件较好，茶树可以自然生长，内容物质能得以积累；而北山茶树则需要人工施肥，催促生长，所以气韵淡泊。

从大江南北到三山五岳

从世界地理分布上看，茶树主要分布在热带和亚热带地区，其生长对温度、降水量都有一定要求。中国范围内，茶区平面分布在北纬18°~38°、东经94°~122°的广阔区域内，含20个省区的上千个县市。各地在土壤、气候、植被等方面存在明显差异。

在垂直分布上，茶树最高种植在海拔2600米的高地上，最低处仅海拔几十米或百米，同样构成了土壤、温度、湿度、地貌等差异。中国不同地区的气候差异，对茶树的生长发育和茶叶生产影响极大，也决定了各地的茶叶资源不同。

自古名山出名茶，名茶耀名山。名山与名茶，犹如孪生兄弟，名山为名茶提供优良的生态环境，名茶又为名山增光添彩。

○ 著名的香竹箐大茶树生长在海拔2000多米的云南省凤庆县的一个茶区中，这里古茶树资源十分丰富

○ 位于海拔200米左右处的十八棵龙井御茶树，是龙井茶的始祖

中国各地的名山，不仅自然风光优美，历史积淀深厚，还大多茶史悠久，是名茶的原产地。福建武夷山，是武夷岩茶和正山小种的发源地；安徽黄山，是黄山毛峰、太平猴魁、松萝茶、祁门红茶的故里；四川峨眉山，出产的竹叶青香闻世界；山东泰山，历来为五岳之尊，泰山茶又有"北茶至尊"的美誉……这些与名茶相伴的名山，而今都是世界自然与文化遗产的"双世遗"。

○ 武夷岩茶产于"秀甲东南"的武夷山一带，茶树生长在岩缝之中，茶叶具有"岩骨花香"的品质特征

○ 江西庐山群峰挺秀，常年雾气蒸腾。在这种环境中生长的云雾茶，素有"色香幽细比兰花"之喻

茶区的科学划分，有助于发展茶叶生产，也是实现茶叶生产现代化的重要基础工作。陆羽在《茶经》中，将唐朝43个州郡划分为8个茶叶产区。中国现代茶区，根据产茶种类、茶树品种、地形等因素，划分为四大茶区，即西南茶区、华南茶区、江南茶区和江北茶区。

西南茶区：最古老的茶区

地理位置	位于中国西南部
包含省份	云南、贵州、四川三省以及西藏东南部
产茶种类	主要生产红茶、绿茶、普洱茶和花茶等
气候条件	气候差别很大，大部分地区属亚热带季风气候，冬季不寒冷，夏季不炎热
地形特点	地形复杂，大部分地区为盆地、高原
茶树品种	栽培灌木型和小乔木型茶树，部分地区还有乔木型茶树

华南茶区：最适宜茶树生长的地区

地理位置	位于中国南部
包含省份	广东、广西、福建、海南、台湾等省
产茶种类	主要生产红茶、乌龙茶、花茶、白茶和黑茶（六堡茶）等
气候条件	终年高温，长夏无冬，属热带季风和南亚热带季风气候，茶区年平均气温为19~22℃，年降水量1200~2000毫米
地形特点	境内丘陵、谷地、平原、河川纵横交错，地形复杂
茶树品种	茶资源极为丰富，有乔木、小乔木、灌木等多种类型的茶树品种

江南茶区：中国茶叶主要产区

地理位置	位于长江中、下游南部
包含省份	浙江、湖南、江西等省和皖南、苏南、鄂南等地区
产茶种类	主要生产绿茶、乌龙茶、花茶等名优茶。中国十大名茶诸如西湖龙井、黄山毛峰、洞庭碧螺春、君山银针、庐山云雾等皆产于此
气候条件	四季分明，基本属于亚热带季风气候，年平均气温为15~18℃，冬季最低气温一般在-8℃
地形特点	茶园主要分布在丘陵地带，少数在海拔较高的山区
茶树品种	大多为灌木型中叶种和小叶种

江北茶区：中国最北部的茶产区

地理位置	位于长江中下游北岸
包含省份	河南、陕西、甘肃、山东等省和皖北、苏北、鄂北等地区
产茶种类	主要生产绿茶，十大名茶中的六安瓜片、信阳毛尖都是典型代表
气候条件	属北亚热带季风和暖温带季风气候，年平均气温为15~16℃，冬季最低气温一般在-10℃
地形特点	是纬度最北的茶区，茶区地形较复杂
茶树品种	大多为灌木型中叶种和小叶种

什么地长什么茶

陆羽在《茶经》中由优到劣把土壤分为"烂石""砾壤""黄土"。宋徽宗则在《大观茶论·地产》一章中分析了"石之性寒""土之性敷"对茶叶生长的影响。

我国茶区范围辽阔，自然条件复杂，土壤类型繁多。茶园管理必须因土制宜，区别对待，充分发挥各类土壤的优势。现代茶园土壤主要分为以下八个类型。

红壤型

主要分布在长江以南广阔的低山、低丘及缓坡地区。它是我国面积最大、土种最多的宜茶土壤，是江南茶区代表性茶园土，开发利用较早，可追溯至西晋时期。主要栽培的茶树品种是灌木型中小叶种。唐代《茶经·八之出》记述的各道、州郡中，种茶土壤属红壤型的占了大半。

砖红壤型

为我国华南茶区的主要宜茶土壤资源，普洱茶主要出自砖红壤型土壤。酸性岩上发育的砖红壤，土性好，是种茶上土；石灰岩和基性岩发育的砖红壤，质地黏重，通透性差，是种茶下土；硅质岩发育的砖红壤，含砂率高，通透性好，但土壤贫瘠，保水能力差，是种茶中土。

酸性紫色土型

主要分布在四川盆地和湖南、江西等地丘陵，属于非地带性隐域型宜茶土。酸性紫色土壤有机质、氮含量相对较高，磷、钾含量稍低，质地湿润。土壤呈酸性，pH小于5.5，盐基饱和度较低，适宜茶树生长。其出产的茶叶品质高，是我国高产优质茶的重要土壤资源之一，适施钾肥还可助增产。

潮土型

主要为河、湖、海的冲积物发育而成的酸性潮土型宜茶土。潮土型土壤土层深厚，土酥绵软，但土壤性质差异较大，质地砂、黏不等。地区旱涝时有发生，也可能有盐碱危害，加上土壤养分低，生态条件不如高山，因此茶叶品质较差。但通过改土，可获得高产。

棕壤型

主要分布在山东半岛、鲁中南及鲁东南沿海一带，开发用于种茶较晚。其养分状况，特别是土壤有机质及氮素含量较高。棕壤上生产的茶叶叶厚、味浓、高香、耐冲泡，是绿茶中的上品，代表品种有雪青、碧绿等。

黄棕壤型

江北茶区大部分及江南茶区部分高山茶园属于这一类型。黄棕壤磷、钾含量丰富，pH适中，有机质含量高，土层深厚。黄棕壤上生产的茶叶香气高雅，滋味鲜爽醇和，是绿茶中的上品，历来出名茶、贡茶。代表品种有阳羡茶、碧螺春、六安瓜片、黄山毛峰、恩施玉露等。

黄壤型

主要分布在我国南方山区的热带及亚热带高山上，以四川、贵州为主。土层深厚，土体疏松，透水性强，有机质含量高，矿物质含量多。出产的茶叶芽叶肥厚，质浓气香，色润味甘，属优质茶。代表品种有蒙顶茶等。

赤红壤型

主要分布在我国广东西北部和东南部，广西西南部，福建和台湾南部、云南西南部最为集中。此类土壤在唐代以前就已开发种茶。赤红壤上种植的茶树主要用于生产红茶、乌龙茶，代表品种有滇红、凤凰水仙等。

亘古不变的好茶园样板

陆羽用"阳崖阴林"写明了茶树生长所需的四个环境条件：向阳、山坡、烂石土壤、有大树遮阴。宋徽宗在《大观茶论》里也阐发了"崖必阳，圃必阴"的观点。

"阳崖阴林"，表面上写的是山势地形，其实暗写了茶树生长对光照的要求。茶树的光照以弱光照为宜，尤其需要漫射光，漫射光充足有利于茶树有机质的积累，特别是会显著增加氮化物含量，这对改善茶叶的品质十分有利。我国许多名茶，如狮峰龙井、武夷岩茶等，往往生长在"阳崖阴林"的环境之中，所以内质佳，香气高。

○ 龙井茶园坐山傍水，绿树环抱，优越的"阳崖阴林"条件更有利于茶树的生长发育

俗语云"高山云雾出好茶"。高山云雾是好环境的另一个指标，这主要是因为高山多云雾，把太阳的直射光变为漫射光，强日光照射时间短，再加上湿度大，高处温度低，芽叶持嫩性较强，有利于增加茶叶的香气，丰富其滋味。我国传统名茶中的庐山云雾、黄山毛峰、蒙顶茶等，从茶名就可判断其产地环境符合"高山云雾"的条件。

不过，现在有许多茶园开采在山的阳坡上，那里往往只有一片茶树，却没有高树来庇荫，这并不是最佳的茶园布局方式。采用茶园加生态林的方式有两个益处：一是在春天采茶季，有阴林的茶叶相对长得更嫩，质量更佳，可以延长优质茶的采茶期；二是炎夏季节气温高，茶树停止生长，如遇干旱少雨，有阴林的茶树不容易枯萎，这对来年茶叶的产量和质量影响更小。宋徽宗也关注到了这个问题，他在《大观茶论》里提到了"圃必阴"，并得出"阴阳相济，则茶之滋长得其宜"的结论。

○ 适宜的茶园布局方式为茶园加生态林。有高树庇荫后，茶园里的茶树生长更佳

○ 高山地区白天气温高，日照充足，茶树的光合作用强，合成物质多；夜晚气温较低，茶树的呼吸作用放缓，营养物质得以更多地积累

各具特色的栽培方式

茶树的生长发育与环境条件的关系十分密切。合理的栽培措施有助于改善茶树生存的环境条件，提高其适应能力，使茶树与环境更趋协调一致，从而提高质量和产量。

现代茶树种植，有茶籽直播和育苗移栽两种方法。茶籽直播方法简便，成本较低，适用于大面积种植。育苗移栽便于培育和选择壮苗，淘汰劣株，有利于成园。为了推广良种，保持种子的纯度，现代茶园多用扦插方法育苗。

条栽密植是现在比较普遍的茶树种植方式，即将茶树成行密种，行距为150~165厘米，株距为33~50厘米。较老式丛栽茶园，条栽密植的方式能较大幅度地提高茶园单位面积产量。合理的条栽密植是建立专业化、高稳产茶园的标准之一，因此，调整种植方式与种植密度乃是建设茶园不可忽视的环节。密植程度是否合理，不能简单地以一亩的种植株数或丛数为标准，需视品种、气候、土壤、肥料管理等条件而变化。

○ 茶树品种的选择对条栽密植来说十分重要。要选用顶端优势较强的，并且是直立型耐密品种。在密植上，行距150~165厘米、株距33~50厘米是比较合理的

○ 目前很多茶区采用育苗移栽的方法来保证产量和品质,配合覆盖地膜等手段,保证茶叶生产,尤其是
　春茶的生产

茶果间种：洞庭碧螺春

　　茶果间种是以茶为主，在茶园中嵌种果树，果树覆盖率以25%~35%为宜。洞庭碧螺春茶园是全国茶区中典型的茶树、果树间种的茶园。

　　洞庭山实为太湖中的两个岛屿，拥有独特的太湖流域小气候，水气升腾，雾气悠悠，空气湿润。山上植物种类丰富，生长繁密。茶树栽培于果树、林木中，林木覆盖率在80%以上。地下茶树与花木根系交错，地上花木枝叶有遮阴，一年四季花香、果香不断，茶吸果香，花窨茶味，为洞庭碧螺春内质独特的花果香味打下了基础。

○ 洞庭山枇杷树与茶树相伴而生，吸收果香的茶叶滋味更佳

山南山北：凤凰单丛

我国产茶区域主要分布在北回归线（北纬23.5°）以北地区，阳光终年由南而照，所以阳坡（偏南坡）地获得的太阳辐射总量比平地多。阳坡获得的太阳辐射及热量多，温度高，湿度比较低，土壤比较干燥；而阴坡（偏北坡）的情况相反。两处出产的茶叶品质有所区别。

人们曾以广东乌崇山出产的凤凰单丛为样本进行研究，同一座山，同一树种，同一采摘时间，同一个制茶师制作，区别在于一款产自南坡，一款产自北坡。南坡茶花香浓郁，滋味热烈；北坡茶香气悠长，汤感柔醇。

岩上与坑涧：武夷岩茶

武夷山地质构造复杂，不同的地质构造形成了各式各样的山场类型，在武夷山境内有"三溪、七潭、九曲、十二涧、三十六峰、七十二洞、九十九岩，岩岩有茶，非岩不茶，株株传典故，泡泡传神奇"的说法，最有代表性的山场为"三坑两涧"。

"岩上茶"长在山岗上，此处日照充足，水系较少，土壤肥沃，故所产之茶的风格多表现为高香霸道，汤感辛辣刺激，滋味强烈，大部分呈果香，锐则浓长，收敛感强。

"坑涧茶"产地两面夹山，伴有水流，环境湿润，日照时间短，又有风化沉积岩的冲积堆，故所产之茶的风格多表现为香气比较清幽，大部分呈花香，清则幽远、优雅稳重，滋味醇厚饱满、甜度佳。

○ 乌崇山南坡茶的特点是花香浓烈明显，北坡茶的特点是香气柔和幽雅

○ 茶农利用谷地、沟隙、岩凹的岩茶小环境开园种茶，多种地质，形成"一岩一茶"的奇特风格

【宋】赵佶 瑞鹤图（局部）　宋徽宗打破了常规花鸟画的构图方法，让天空中盘旋着很多飞鹤，配以祥云和宫门脊梁。画的左侧用瘦金体题诗并记，堪称书画双绝。

二 天时

茶工作于惊蛰○尤以得天时为急○轻寒○英华渐长○条达而不迫○茶工从容致力○故其色味两全○若或时旸郁燠○芽奋甲暴○促工暴力○随槁暴刻所迫○有蒸而未及压○压而未及研○研而未及制○茶黄留渍○其色味所失已半○故焙人得茶天为庆○

茶工作于惊蛰³⁶，尤以得天时为急³⁷。轻寒，英华渐长，条达而不迫，茶工从容致力，故其色味两全。若或时旸郁燠³⁸，芽奋甲暴^{39【一〇】}，促工暴力⁴⁰，随槁^{41【一一】}。晷刻⁴²所迫，有蒸而未及压，压而未及研，研而未及制，茶黄留渍^{【一二】}，其色味所失已半。故焙人⁴³得茶天为庆。

36. 惊蛰：二十四节气之一，公历3月5日至3月7日交节。

37. 急：紧要。

38. 时旸郁燠：日晒闷热的时候。旸，太阳升起，指晴天；燠，闷热。

39. 芽奋甲暴：茶芽迅猛生长。甲，草木生芽后所戴的种壳；暴，急骤；甲暴，指茶芽萌发，外表面较硬的小叶张开，这个过程进行得过快。

40. 促工暴力：（茶工）忙乱急促地采摘。

41. 随槁：（采下来的茶）很快就会干枯。

42. 晷刻：日晷和刻漏，这里指时间、时刻。

43. 焙人：茶焙中的茶工，制茶人。

校勘记

【一〇】芽奋甲暴：底本作"芽甲奋暴"，据涵本改。

【一一】随槁：槁，底本作"稿"，系通假，据涵本改。

【一二】茶黄留渍：渍，底本作"积"，系通假，据涵本改。

译文

茶工在惊蛰时节开始制茶，考虑最紧要的是天气因素。天气微寒，茶芽渐渐生长，芽叶生长舒展而不急迫，茶工就能够从容不迫地摘茶、制茶，所以制作出来的茶叶色味俱佳。如果天气晴暖闷热，芽叶迅猛生长，这就迫使茶工急促慌乱地采摘，否则（采下来的茶）很快就会干枯。由于时间紧迫，有时蒸芽后不能及时压黄，压黄后又来不及研膏，研膏后又不能及时焙火制成茶饼，致使汁液存留于茶叶中，这种茶叶的色味就会损失过半。所以，茶工把得到适于制茶的天时视为幸事。

大观茶论 寻茶问道

历代茶书

○ 唐 陆羽《茶经》○

三之造

　　凡采茶在二月、三月、四月之间。茶之笋者，生烂石沃土，长四五寸，若薇蕨始抽，凌露采焉。

　　……

　　其日有雨不采，晴有云不采；晴，采之，蒸之，捣之，拍之，焙之，穿之，封之，茶之干矣。

采茶时机

陆羽认为采茶的恰当时机是：茶芽长到四五寸，在薇蕨抽芽的季节，凌晨有露水的日子去采。这是凭借主观判断采茶时机的方法。

○ 明 许次纾《茶疏》○

采摘

　　清明、谷雨，摘茶之候也。清明太早，立夏太迟，谷雨前后，其时适中。若肯再迟一二日期，待其气力完足，香烈尤倍，易于收藏。梅时不蒸，虽稍长大，故是嫩枝柔叶也。

　　……

　　芥中之人，非夏前不摘。初试摘者，谓之开园。采自正夏，谓之春茶。其地稍寒，故须待夏，此又不当以太迟病之。往日无有于秋日摘茶者，近乃有之。秋七八月重摘一番，谓之早春，其品甚佳，不嫌少薄。他山射利，多摘梅茶。梅茶涩苦，止堪作下食，且伤秋摘，佳产戒之。

谷前摘茶

许次纾指出，在谷雨前后，即每年的4月20日左右开始采茶比较合适，而宋徽宗认为在此之前较寒冷的惊蛰节气更为合适。之所以有这种差别，是因为宋人更推崇鲜嫩的茶芽，同时微寒天气更有利于茶工从容制茶。

○ 明 朱权《茶谱》○

品茶

　　于谷雨前，采一枪一旗者制之为末。

一枪一旗

"一枪一旗"是宋徽宗在《大观茶论·采择》一节中提出的采摘标准，朱权也沿用了这一说法。

峰前峰后摘春芽

历代茶书对采茶的季节都有相应的描述，宋徽宗强调"尤以得天时为急"，说明了"天时"的重要性。

我国茶树栽培区域辽阔，各地域由于光照、温度、降水量、土壤等自然因素的不同，茶树生长期的长短有显著差别，采茶时期也就因地而异。

四大茶区大都在春、夏、秋三季采茶，习惯上称春茶、夏茶和秋茶，也有称头茶、二茶、三茶、四茶的。

我国长江中下游的广大茶区，春茶的开采期主要受早春气温的影响，3月平均气温较高时，开采期就早。一般认为开采期宜早不宜迟，以略早为好，尤其是春茶。这时候气候温和，温湿条件优越，茶树体内贮藏物质丰富，萌芽力强，新梢生长旺盛，高峰期明显。

采用手工采摘的红茶区、绿茶区，当春季茶蓬上有10%~15%的新梢达到采摘标准时，就要开采。

中国四大茶区采茶期

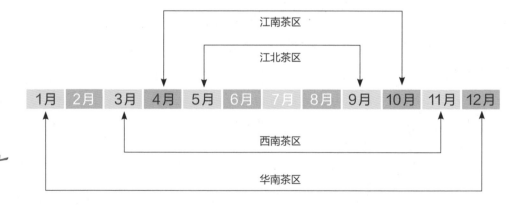

三前摘翠

春来品香茗

对采茶的时令，茶书中都提到了惊蛰、清明、谷雨等节气，茶业界则有"三前摘翠"的说法。"三前"就是指春前、明前、雨前。注有"三前"字样，意指茶叶适时采摘，是上品新茶。

春前

春前是指春分前，这时采制的茶叶更加细嫩和珍贵。唐代每年要求紫笋贡茶在清明日运至长安，这种嫩芽新茶在唐宋时期是皇室才能享用的贡茶。宋代王观国在《学林》中也有记述："茶之佳品，摘造在社前。"春前也有称"社前"的。社前茶就是追求极嫩茶叶的产物。

明前

明前就是清明前。清明前气温普遍较低，茶叶生长速度较慢，能达到采摘标准的茶叶产量很少，所以又有"明前茶，贵如金"之说。明前茶芽叶细嫩，色翠清香，味醇形美，是茶中佳品。明前还叫"火前"。寒食节转火，寒食与清明相近，因此，清明前后的茶也称为"骑火茶"。

雨前

雨前就是谷雨前，清明至谷雨采制的茶叶称"雨前茶"。宋代诗人陆游在《兰亭道上》中写道："兰亭步口水如天，茶市纷纷趁雨前。"雨前茶虽不及明前茶那么细嫩，但因为这时气温高，芽叶生长相对较快，积累的内含物质也较丰富，所以雨前茶往往滋味醇浓而耐泡。

○ 春前茶最为细嫩

○ 明前茶香高形美

○ 雨前茶口感醇厚

茶叶也分春、夏、秋

我国绝大部分产茶地区，茶树生长和茶叶采制是有季节性的。通常按采制时间，划分为春、夏、秋三季茶。

以节气划分茶季

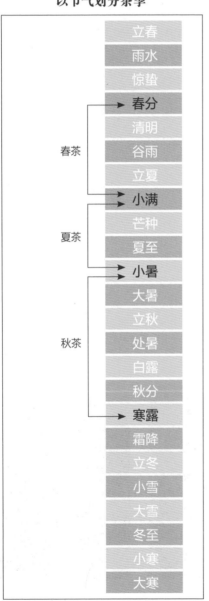

	立春
	雨水
	惊蛰
春茶	春分
	清明
	谷雨
	立夏
	小满
夏茶	芒种
	夏至
	小暑
	大暑
	立秋
秋茶	处暑
	白露
	秋分
	寒露
	霜降
	立冬
	小雪
	大雪
	冬至
	小寒
	大寒

以时间划分茶季

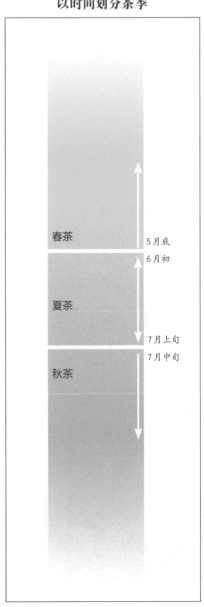

春茶   5月底

夏茶   6月初

   7月上旬

秋茶   7月中旬

大观茶论 寻茶问道

不同季节茶的特性

春季温度适中，雨量充沛，再加上茶树经过了冬季养息，使得茶芽肥硕，色泽翠绿，叶质柔软。鲜叶含有丰富的维生素，特别是氨基酸含量高，而茶多酚含量相对较低，使春茶滋味鲜活且香气宜人。

○ 春茶氨基酸含量高，宜制绿茶

夏季天气炎热，茶树新的梢芽生长迅速，使得能溶解茶汤的水浸出物含量相对减少，特别是氨基酸等减少，茶汤滋味、香气不如春茶强烈；由于带苦涩味的花青素、咖啡因、茶多酚含量比春茶多，紫色芽叶增加，导致色泽不一，而且滋味较为苦涩。

○ 夏茶汤色较浓艳，宜制红茶

秋季气候条件介于春夏之间，茶树经春夏二季生长，新梢芽内含物质相对减少，叶片大小不一，叶底发脆，叶色偏黄，滋味和香气显得比较平和，以香甜为特色。

○ 秋茶香气较春茶浓郁，芳香物质较多

不同季节茶适宜制作的茶类

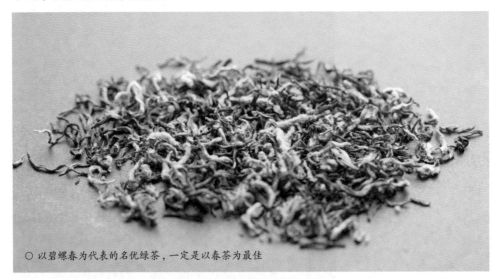

○ 以碧螺春为代表的名优绿茶，一定是以春茶为最佳

以绿茶而言，春茶品质最佳，适宜制成名优绿茶；秋茶品质次之；夏茶品质较差。众多高级名优绿茶，如西湖龙井、洞庭碧螺春、黄山毛峰、庐山云雾等，均采制于春茶前期。

○ 红茶追求汤色的浓艳和滋味的浓郁，选夏茶制作为宜

对红茶而言，夏茶、秋茶优于春茶。春茶除鲜爽度较好外，其汤色的红艳度、滋味的浓强度均不及夏茶、秋茶。夏季日照强度大，可促进茶树碳代谢，糖化合物的形成和转化较多。夏季气温高、湿度大，有利于红茶发酵变红，使得茶叶中茶多酚、咖啡因的含量明显增加。夏茶制成的红茶汤色红艳，滋味浓强，品质较好。

○ 每年九月份上市的铁观音秋茶，外形紧结厚重，香气高扬

　　对乌龙茶而言，有"春水秋香"的说法。春天由于气温低、空气湿度大，鲜叶持嫩性强，营养物质贮藏丰富，氨基酸、果胶含量高，所以春茶汤感细腻，滋味甘醇。秋天昼夜温差大，特别有利于芳香类物质的形成和积累，所以秋茶的香气浓郁而持久。但秋茶中构成茶叶滋味的化合物明显少于春茶，因此秋茶比起春茶来，滋味比较淡薄。

○ 普洱熟茶一般选用夏茶或秋茶渥堆发酵

　　对普洱茶来说，春茶一般用来制作普洱生茶，其中春茶第二采为最佳原料，条索肥壮，芽毫显露，香气饱满，口感醇和，汤感厚重。夏茶为雨季茶，叶大而薄，梗长而细，鲜叶中多酚类物质、儿茶素含量高，适合做普洱熟茶，经渥堆发酵充足做出的普洱熟茶滋味醇厚。秋茶外形漂亮、香气好、苦涩味低，可以做生茶也可以做熟茶。

茶叶加工讲究及时

在宋代，微寒的天气适合加工茶叶

宋代，天气的好坏决定茶工采摘、制作茶叶的节奏。微寒的天气最为茶工喜爱，他们可以从容地采摘，及时并保质地完成每道工序，最终得到品质良好的茶饼。若是天气晴暖闷热，会导致制茶时间紧迫，任何一道工序有所延误就会影响茶叶品质。茶工需将采来的茶叶先浸入水中，挑选匀整芽叶进行蒸青，蒸后用冷水冲洗，再进行后面的一系列工序。整个制茶过程费时、费工，而且水浸和榨汁都会损害茶的香味。

绿茶、黄茶和黑茶要及时摊晾

现代制茶在鲜叶采摘之后和炒制之前，更加讲究"摊放走水"的环节，这与唐宋有所区别。"摊放走水"也是对茶叶及时加工的一种细化手段。采摘的鲜叶应尽快摊开，避免长时间放置在背箩或袋内，这样透气不好，鲜叶被挤压、闷窒而发热红变，进而影响品质。早年间，在交通条件不是特别好的茶山，初制所都直接建在山上，为的就是及时对茶叶进行加工。古人不采的"雨水青"（雨天采的茶青），而今也可以通过"摊放走水"及后续的工序进行补救，从而得到品质稳定的茶叶。

在绿茶、黄茶和黑茶的制作工序中，将采摘下的鲜叶均匀地摊放在篾垫、摊青筛或摊青机上的过程，称为"摊晾"。摊晾的目的在于散热、失水、挥发青草气和促进鲜叶内含成分的转化，使叶片变软，便于下一步的杀青。

○ 刚采摘的鲜叶含水率在75%左右，应尽快放在竹席或竹匾上摊开。摊晾过后，茶叶叶质变轻，含水率在70%左右

白茶、红茶和乌龙茶可在晴天"萎凋"

在白茶、红茶和乌龙茶的制作工艺中，鲜叶丧失水分的过程称为"萎凋"。正常而有效的萎凋，会使鲜叶水分蒸发、体积缩小、叶质变软、青草气消退。其酶活性增强，引起内含物质发生变化，产生清香，促进茶叶品质的形成。这些内部的化学变化虽然较缓慢，却给后续的揉捻等工序奠定了不可或缺的物质基础，并最终决定了茶叶品质的高低。有别于摊晾近似自然状态的走水，萎凋常常有"外力"参与，如日光萎凋、萎凋槽萎凋等，需要把握好温度、湿度、通风量等。

摊放工序的细化一方面可以使成茶的品质得到提升，另一方面更节约能源。

○ 萎凋分为重度、中度和轻度三种，重度萎凋后含
水率56%~58%，中度萎凋后含水率60%左右，轻
度萎凋后含水率62%~64%。现代茶叶加工一般
使用萎凋槽，槽内铺萎凋帘，并可用鼓风机吹风

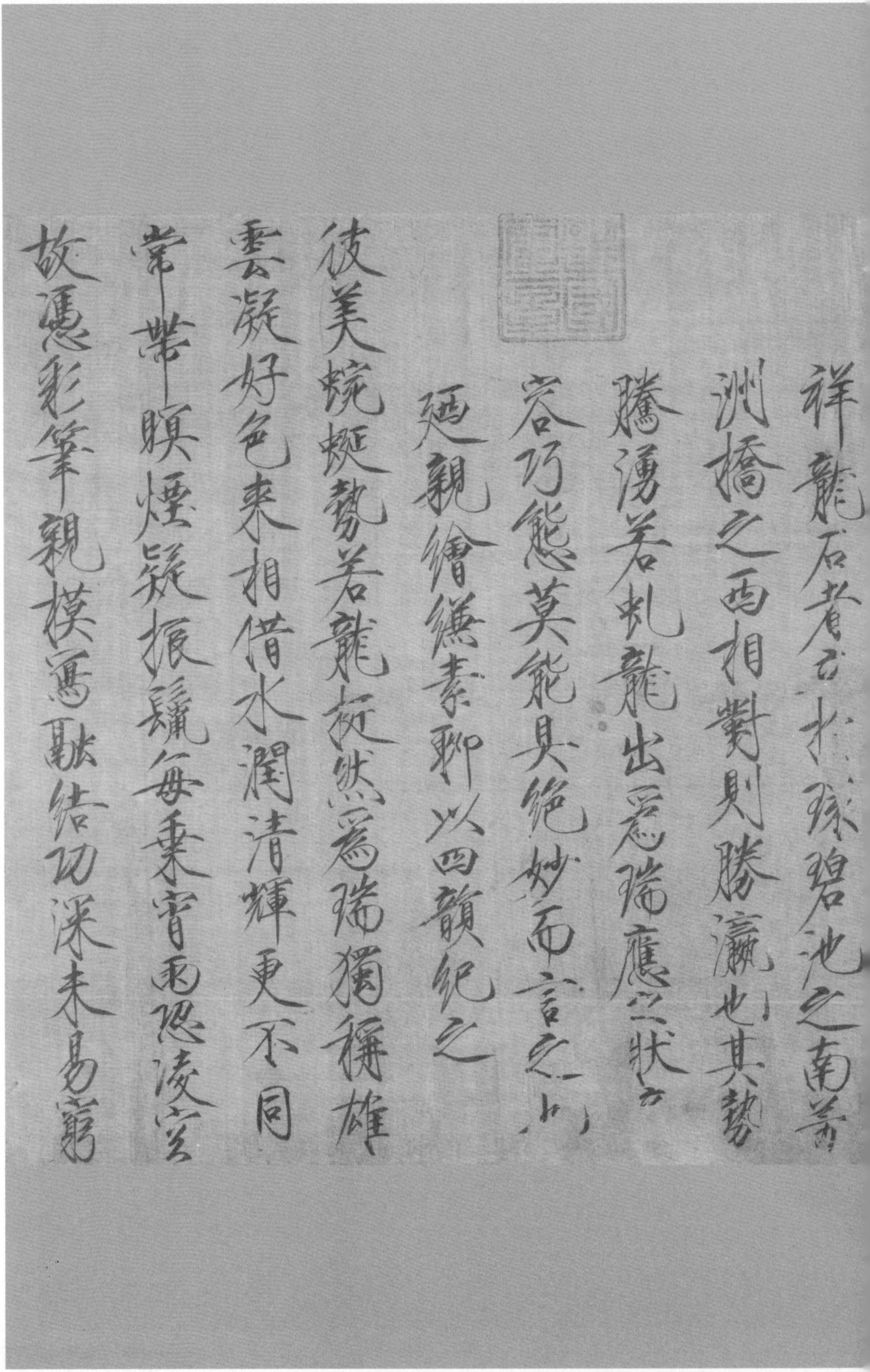

祥龍石者立於環碧池之南芳
洲橋之西相對則勝瀛也其勢
騰湧若虬龍出為瑞應之狀奇
容巧態莫能具絕妙而言之也
迺親繪縑素聊以四韻紀之
彼美蜿蜒勢若龍挺然為瑞獨稱雄
雲凝好色來相借水潤清輝更不同
常帶瞑煙疑振鬣每乘宵雨恐凌空
故憑彩筆親模寫融結功深未易窮

[宋] 赵佶 祥龙石图（局部） 瘦金体是宋徽宗自创的一种字体，运笔灵动快捷，笔迹瘦劲，至瘦而不失其肉，极具个性。该书法即典型代表作。

三 采择

撷茶以黎明，见日则止。用爪断芽，不以指揉。虑气汗熏渍，茶不鲜洁。故茶工多以新汲水自随，得芽则投诸水。凡芽如雀舌谷粒者为斗品，一枪一旗为拣芽，一枪二旗为次之，余斯为下。茶之始芽萌，则有白合。既撷，则有乌蒂。白合不去害茶味，乌蒂不去害茶色。

^{xié}
撷⁴⁴茶以黎明，见日则止⁴⁵。用爪断芽，不以指揉⁴⁶，虑气汗熏渍⁴⁷，茶不鲜洁。故茶工多以新汲水⁴⁸自随，得芽则投诸水。凡芽如雀舌、谷粒⁴⁹者为斗品⁵⁰，一枪一旗为拣芽⁵¹，一枪二旗为次之，余斯【一三】为下。茶之始芽萌，则有白合⁵²；既撷，则有乌蒂⁵³【一四】。白合不去，害⁵⁴茶味；乌蒂【一五】不去，害茶色。

44. 撷：摘下、取下。

45. 见日则止：太阳升起就停止。

46. 用爪断芽，不以指揉：用手指拨断茶芽，不能用手指揉搓。宋代贡茶所采茶芽极细嫩，所以不能用手指揉搓。

47. 虑气汗熏渍：担心受手的温度和汗的熏渍。

48. 新汲水：刚从井里打上来的水。

49. 雀舌、谷粒：指极细嫩的茶芽。

50. 斗品：宋代用于斗茶的精选茶芽，品位上等。

51. 一枪一旗为拣芽：一芽一叶的称为拣芽，芽未展尖细如枪，叶已展有如旗帜。

52. 白合：茶树梢上萌发的对生两叶抱一小芽的茶叶，常在早春采第一批茶时出现，制优质茶须剔除之。黄儒《品茶要录·白合盗叶》云："凡鹰爪之芽，有两小叶抱而生者，白合也。新条叶之抱生而色白者，盗叶也。"白合，即现代所称的鱼叶；盗叶，指鳞片，即越冬叶。

53. 乌蒂：长梗蒂，过长的梗要折掉。《北苑别录·拣茶》云："乌蒂，茶之蒂头是也。"

54. 害：损害。

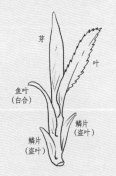

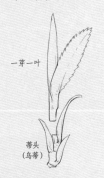

校勘记

【一三】斯：涵本作"此"，从底本。

【一四】乌蒂：底本、涵本等均误作"乌带"，据《北苑别录·拣茶》上引文改。

【一五】乌蒂：同上。

译文

采茶要在黎明时分进行，太阳升起就应该停止。采摘时要用手指拨断茶芽，不能用手指揉搓，因为担心被手的温度和汗水熏染浸渍过后，茶叶就不新鲜洁净了。所以，茶工采茶时大多随身带着刚打上来的井水，采下茶芽随即投入水中。凡是如雀舌、谷粒形状的茶芽都被视为"斗品"级别，一芽一叶的称为"拣芽"，一芽二叶的又次一等，其余的都为下等茶叶。茶树刚萌芽时，会长出两片合抱而生的小叶，称为"白合"；折掉的长梗断处呈黑色，称为"乌蒂"。拣选茶叶时，如果不去除"白合"会影响茶叶的味道，如果不去除"乌蒂"会影响茶叶的色泽。

历代茶书

○ 唐 陆羽《茶经》○

三之造

茶之笋者，生烂石沃土，长四五寸，若薇蕨始抽，凌露采焉。

茶之牙者，发于丛薄之上，有三枝、四枝、五枝者，选其中枝颖拔者采焉。

茶芽等级

《茶经》中所说的"笋者"是芽头肥壮而长的芽叶，"牙者"是短而细瘦的芽叶。陆羽认为，笋者为好，牙者次之。在采摘时对茶芽进行等级分类，这一思想延续至今。

见日则止，凌露采焉

俗语说："茶叶是个时辰草，早采三天是个宝，迟采三天变成草。"一日当中采摘茶叶的时间至关重要，宜早不宜迟。

一天中最好的采摘时间

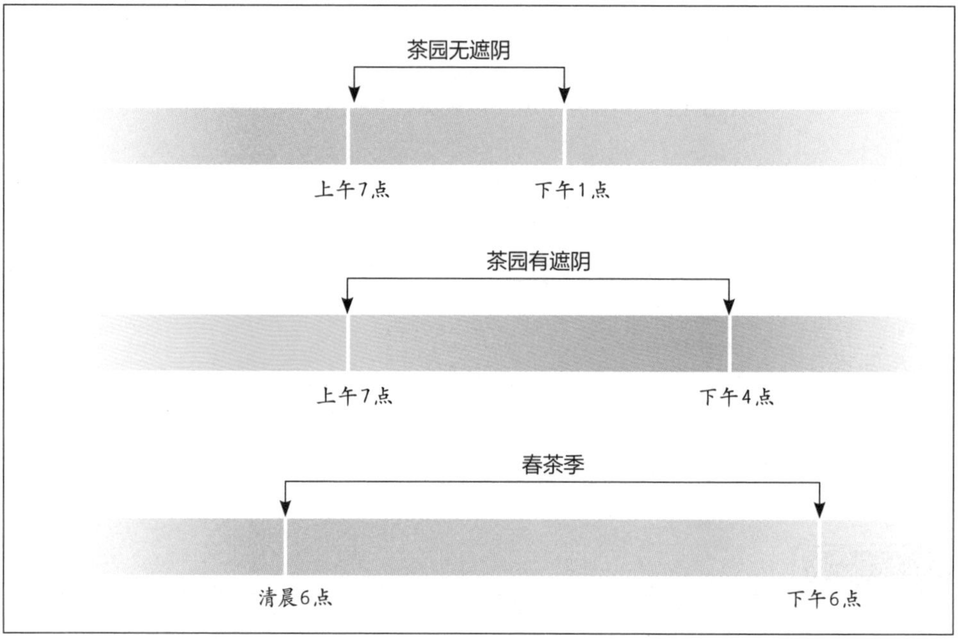

茶园无遮阴

上午7点　　　　下午1点

茶园有遮阴

上午7点　　　　　　下午4点

春茶季

清晨6点　　　　　　　下午6点

天气方面，现代因为加工技术的进步与细化，能做到对不同天气采摘的茶青有不同的处理方法，但仍然以晴天采摘的茶青原料为最好。

根据各地的经验，一般红茶、绿茶产区，采用手工采摘的，春季当茶蓬上有10%~15%的新梢达到采摘标准时，夏秋茶有10%左右的新梢达到采摘标准时，就可以开采。春茶采摘周期以4~7天为宜，春茶前期采摘名优茶或高级红茶、绿茶的，采摘周期应缩短至2~4天。夏秋茶的采摘周期以5~8天为宜。

各大茶区，通常以清明前后采的茶品质为好。清明前采摘，得以保留茶树最鲜嫩的芽叶。为了保证明前茶的优异品质，通常都是偏早嫩采。一般春茶是在3月下旬茶树刚吐露几个嫩尖时开采，早发早采，迟发迟采。

采摘手法

用爪断芽，巧法采之

茶叶采摘不仅关系到茶叶品质的好坏、产量的高低，还关系到茶树生长的盛衰。所以在茶叶生产过程中，茶叶采摘具有特别重要的意义。

采摘可分手工采摘与机械采摘，手工采摘是最普遍、最古老的采摘法。虽然目前茶叶的采摘方式已由手工发展到了机械化，但是许多名茶，如西湖龙井、洞庭碧螺春等，仍然沿用手工采摘。手工采摘不但可以保证采摘的标准和质量，更是维持品质和声誉的基础。

绿茶产区一般推行提手采摘法，即掌心向上，拇指和食指夹住鱼叶以上的嫩茎，向上轻提，茶叶折落掌心；不宜掐采、捋采、抓采和带蒂头采。采茶过程中，最忌用指甲掐刻，断处水分榨出，断口变红，内部组织受损，损及色味。掐刻下来的芽叶，其掐痕在制成茶叶后仍然存在，无法去除。同时，也忌将茶叶握在手中，而要放置在茶篮中，不可紧压，以免芽叶叶温增高、受热萎凋，甚至破碎。

○ 提手采摘时，茶工要做到眼到手到，手到眼移；两臂伸直，用拇、食二指采，手腕动得快，不要用指甲掐嫩茎

手工采摘还有一种割采法，需要借助工具，一般运用于边销茶粗老原料的采摘。因为新梢粗老，手采茎已无法折断，需用手捋叶片或用小刀、铁摘子、剪刀这些辅助工具采摘。

机械采摘适用于茶树树冠平整、发芽整齐的无性系茶园。目前使用的采茶机有往复式切割机、水平旋转勾刀机、拉割式滚切机三种。实现采茶机械化是今后的方向，但目前只有少数地区个别茶园在使用，全面推广尚有很多工作要做。

○ 茶篮是手工采摘的必备工具，早在陆羽《茶经》中就有记录。茶工采下的嫩叶放在茶篮中，可避免茶叶受压、受热，以保证新鲜

○ 上图是机械采摘的茶园。机械化采茶要求茶树蓬面平整、发芽整齐，茶蓬高度为70~80厘米，蓬面宽度为100厘米左右

白合乌蒂，害色损味

目前，茶生产企业对采摘精度的标准不断提高，要求是保持芽叶完整、匀净，不夹带鳞片、鱼叶、茶果和老叶。这与《大观茶论》中白合、乌蒂影响品质的论述一致。

茶树新梢的萌发过程可分为：枝条上的越冬芽分化—膨大—鳞片展—鱼叶展—真叶展（一叶、二叶、三叶、四叶……），直至形成驻芽。鳞片、鱼叶、真叶的区分，对采茶工作有重要的参考意义。

茶叶的结构

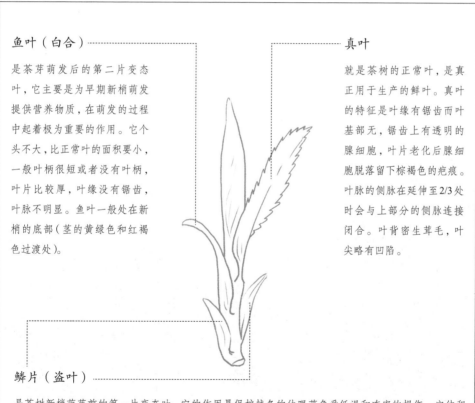

鱼叶（白合）

是茶芽萌发后的第二片变态叶，它主要是为早期新梢萌发提供营养物质，在萌发的过程中起着极为重要的作用。它个头不大，比正常叶的面积要小，一般叶柄很短或者没有叶柄，叶片比较厚，叶缘没有锯齿，叶脉不明显。鱼叶一般处在新梢的底部（茎的黄绿色和红褐色过渡处）。

真叶

就是茶树的正常叶，是真正用于生产的鲜叶。真叶的特征是叶缘有锯齿而叶基部无，锯齿上有透明的腺细胞，叶片老化后腺细胞脱落留下棕褐色的疤痕。叶脉的侧脉在延伸至2/3处时会与上部分的侧脉连接闭合。叶背密生茸毛，叶尖略有凹陷。

鳞片（盗叶）

是茶树新梢萌芽前的第一片变态叶，它的作用是保护越冬的休眠芽免受低温和冻害的损伤。它体积很小，像包裹在芽头上的一层"衣服"，具革质化，看起来会有点透明。在茶芽萌发后，鳞片很容易脱落。

茶类不同，老嫩各异

　　现代人主要根据茶类对新梢嫩度与品质的要求，以及产量因素进行采摘标准的确定。中国茶类丰富，品质特征各具特色，对茶叶采摘标准的要求差异很大。例如，江苏太湖翠竹茶原料为单芽，高品质西湖龙井茶原料为一芽一叶，安徽太平猴魁茶原料为一芽二叶，以及安徽六安瓜片原料为叶片等。根据采摘嫩度的不同，现代茶叶采摘手法大致可分为四种：细嫩采、适中采、特种采和成熟采。

○ 浙江绍兴御茶村近万亩茶园主要生产抹茶，但抹茶并非细嫩采。该茶村还生产龙井茶、日铸茶等，
　这些茶的原料基本为茶芽和一芽一叶

细嫩采

　　采用这种采摘标准的茶叶，主要用来制作高级名茶，如西湖龙井、洞庭碧螺春、君山银针、黄山毛峰、庐山云雾等。细嫩采对鲜叶嫩度要求很高，一般是采摘茶芽和一芽一叶，以及一芽二叶初展的新梢。前人称采"雀舌""旗枪""莲心"茶，指的就是这个意思。这种采摘标准，花功夫，产量不多，季节性强，大多在春茶前期进行。

○ 一芽一叶刚展开，形似"雀嘴"

适中采

　　采用这种采摘标准的茶叶，主要用来制作大宗茶类，如内销和外销的眉茶、珠茶、工夫红茶、红碎茶等。采摘要求鲜叶嫩度适中，一般以采一芽二叶为主，兼采一芽三叶和幼嫩的对夹叶。这种采摘手法，量质兼顾，采摘批次多，经济效益好，是我国目前采用最普遍的采摘手法。

○ 一芽二叶也叫"一枪二旗"，嫩度较茶芽和一芽一叶老一些

特种采

用这种采摘标准采制的茶叶，主要用于制造一些传统的特种茶，如乌龙茶，它要求有独特的滋味和香气。根据采摘标准，待新梢长到顶芽停止生长，顶叶尚未"开面"时采下三四叶比较适宜，俗称"开面采"或"三叶半采"。鲜叶内含成分分析表明，采摘三叶中开面梢最适宜制乌龙茶，过嫩或过老对品质都有影响。这种采摘标准，全年采摘批次不多，产量中等，产值较高。

○ 中开面指顶叶与第二叶面积比约为1∶2，此时采摘，适宜制乌龙茶

○ 用"开面采"采制的铁观音茶叶叶底

成熟采

采用这种采摘标准采制的茶叶，主要用来制作边销茶，是为了适应边疆少数民族的特殊需要，如茯砖茶。依据原料采摘标准，需等到新梢长到顶芽停止生长，下部基本成熟时，采去一芽四五叶和对夹三四叶。南路边茶为适应藏族同胞掺和酥油熬煮的特殊饮茶习惯，要求茶叶滋味醇和，回味甘润，所以采摘标准需待新梢成熟，下部老化时才用刀割去新枝基部一两片成叶以上全部枝梢。这种采摘方法，采摘批次少，花费人工并不多。

○ 一芽四五叶多用于边销茶的采摘

○ 对夹三四叶，可采新梢上端的2~4片叶，内含物质丰富

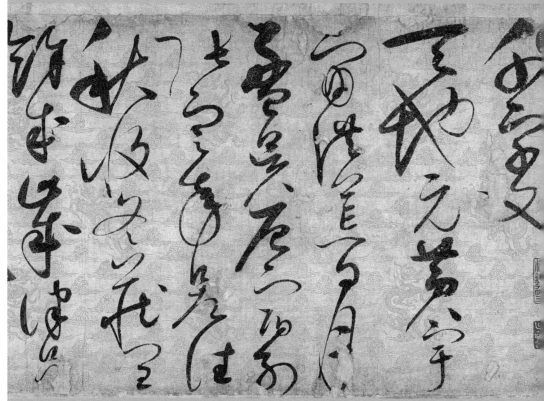

［宋］赵佶 草书千字文（局部） 该作品笔跃气振、跳动不息，大气磅礴，为传世名帖。宋徽宗一生写了多卷《千字文》，现仅存两件，另一件是《瘦金书千字文》。

茶之美恶〇尤系于蒸芽压黄之得失〇蒸太生〇则芽滑〇故色青而味烈〇过熟〇则芽烂〇故茶色赤而不胶〇压久〇则气竭味漓〇不及〇则色暗味涩〇蒸芽〇欲及熟而香〇压黄〇欲膏尽亟止〇如此〇则制造之功十已得七八矣〇

茶之美恶，尤系于蒸芽、压黄[55]之得失。蒸太生，则芽滑[56]，故色青而味烈[57]；过熟，则芽烂[58]，故茶色赤而不胶[59]。压久，则气竭味漓[60]；不及，则色暗味涩[61]。蒸芽，欲及熟而香；压黄，欲膏尽亟止[62]。如此，则制造之功十已得七八【一六】矣。

---

55. 蒸芽、压黄：制茶的两道工序。宋代制茶采用蒸青制法，茶青蒸过之后再进行压榨。

56. 芽滑：因为蒸青不足，茶芽仍有"筋骨"，就会生滑。

57. 色青而味烈：蒸青不足而茶色青绿，滋味浓烈。

58. 芽烂：蒸青过度，导致茶叶纤维破坏严重，芽叶软烂。

59. 茶色赤而不胶：蒸青过度而茶色偏红，造成茶叶不牢固（黏合度差）。胶，牢固。

60. 气竭味漓：压茶过久，内含物质流失过多，香气和味道变淡。漓，薄。

61. 色暗味涩：压茶不够而茶色暗淡，滋味苦涩。

62. 欲膏尽亟止：汁液刚压干净就立即停止。

校勘记

【一六】七八：另有"八九"一说（《续茶经》引文），这里采用底本、涵本等作"七八"。

译 文

茶叶品质的好坏，关键在于蒸芽、压黄两道工序是否得当。如果蒸芽太生，芽叶就会生滑，那么茶的颜色青绿而滋味浓烈；如果蒸芽过度，则芽叶烂熟，那么茶的颜色发红而不易黏合。如果压黄时间过长，茶的精华流失，茶的香气和味道就淡薄；如果压黄的程度不足，茶的颜色暗淡而味道苦涩。蒸芽以刚蒸熟而散发出香气为好，压黄只要把汁水榨尽就马上停止。这样，制茶的功夫就十得七八了。

○ 唐 陆羽《茶经》○

二之具

　　始其蒸也，入乎甑；既其熟也，出乎甑。釜涸，注于甑中，又以穀木枝三桠者制之。散所蒸牙笋并叶，畏流其膏。

三之造

　　出膏者光，含膏者皱；宿制者则黑，日成者则黄；蒸压则平正，纵之则坳垤。

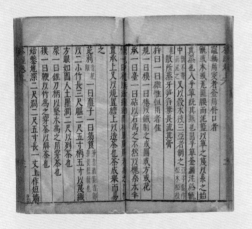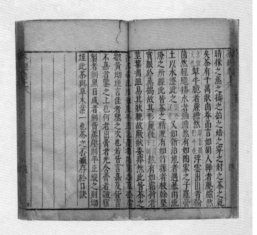

○ 由唐至宋，蒸青茶饼是主流，陆羽《茶经》详细记述了"蒸""压"这两道工序，并指出两者
　对成茶品质的影响。而宋徽宗更是将这两道工序视为决定成茶品质"美恶"的关键

此"压"非彼"压"

宋代流行龙团凤饼，以福建建溪流域的建茶为贡，采制极为讲究。在制法上沿用唐朝的蒸青法，但工艺更加繁琐精细，费时费工。制茶步骤包括蒸芽、压黄、研膏、造茶、焙火等。《大观茶论》所说的"蒸压"即蒸芽和压黄（榨茶）两道工序。

区别于宋代用蒸汽杀青的方法，现代杀青方式更为多元，除了炒青、蒸青分别用金属和水蒸气导热外，还有用热风、微波、光波等杀青的。茶叶在短时间内升温，使活性氧化酶失活，保持翠绿的色泽。

宋代制茶中的"压"是压黄（榨茶），把茶汁压榨干净，而现代制茶工艺中的"压"多指炒制手法，在扁形茶的制作中尤为明显。

扁形茶又称扁炒青，属炒青绿茶的一种，成品扁平光滑、香鲜味醇。以西湖龙井为代表的扁形茶，其炒制手法有抖、搭、拓、捺、甩、抓、推、扣、压、磨，号称"十大手法"，精深奥妙。炒制过程中，炒茶者根据鲜叶大小、老嫩程度和锅中茶坯的成型程度，灵活地变化手法，调节手炒的力量。其中的搭、拓、捺、推、压、磨的手法，都带了下压的动作，目的是使茶叶光滑、扁平。

○ 西湖龙井是典型的扁形茶，其干茶扁平、光滑又挺直，是因为炒制过程中带了下压的动作，目的是使外形变漂亮，同时留存茶叶中的精华

带下压动作的手法（部分）

搭：使茶叶变宽、变扁。主要用在青锅、辉锅（龙井茶的两道工序）中茶叶下锅阶段。

拓：把茶叶沿锅壁向里带动托于手中，也能使茶叶变扁平。青锅、辉锅均要用上。

捺：作用是使茶叶光洁、滑润、扁平。青锅、辉锅均要用上。

磨：作用比推更强，使茶叶更加扁平、光滑。磨只用于辉锅。

秋勁拒霜盛
峩冠錦羽鷄
已知全五德
安逸勝鳧鷖
宣和殿御製并書

[宋] 赵佶 芙蓉锦鸡图 堪称北宋『画王』的宋徽宗，其花鸟画自成一体，重视工整细致、形神兼备，绘画造诣非常高。

（五）制造

涤芽惟洁◎濯器惟净◎蒸压惟其宜◎研膏惟熟◎焙火惟良◎饮而有少砂者◎涤濯之不精也◎文理燥赤者◎焙火之过熟也◎夫造茶◎先度日晷之短长◎均工力之众寡◎会采择之多少◎使一日造成◎恐茶过宿◎则害色味◎

涤芽⁶³惟洁，濯器⁶⁴惟净。蒸压惟其宜，研膏惟熟^{65【一七】}，焙火惟良。饮而有少^{【一八】}砂者⁶⁶，涤濯之不精也；文理燥赤者，焙火之过熟也。夫造茶，先度日晷之短长^{67【一九】}，均工力之众寡，会采择之多少⁶⁸，使一日造成。恐茶过宿⁶⁹，则害色味。

63. 涤芽：宋代制茶中的洗茶芽工序。

64. 濯器：洗涤制茶的器具。

65. 研膏惟熟：研茶时研磨充分，达到细且匀的状态。

66. 饮而有少砂者：饮用时有少量沙子的茶。

67. 度日晷之短长：测量日影的长短，这里指计算时间的长短。

68. 会采择之多少：计算所采摘茶叶的数量。会，计算，总计。

69. 过宿：过夜。

【校勘记】

【一七】熟：底本和涵本等均作"热"，据《续茶经》引文改。

【一八】少：涵本无"少"字，此处采用宛本，作"饮而有少砂者"。

【一九】短长：《续茶经》引作"长短"。

【译　文】

　　茶芽必须洗净，制茶器具也必须洗净。蒸芽、压黄必须恰到好处，研茶必须研磨充分，焙火必须掌握好火候。饮茶时茶汤中有少量沙子，就是因为涤芽、濯器时不够细致；茶叶表面的纹理干燥、发红，就是焙火过度了。制茶时，先要计算时间的长短，调节制茶人工的众寡，计算采摘数量的多少，做到在一天内制成。唯恐茶青过夜后制造，就会损害茶的色泽和滋味了。

○ 唐 陆羽《茶经》○

三之造

　　自采至于封，七经目。

○ 明 许次纾《茶疏》○

炒茶

　　生茶初摘，香气未透，必借火力以发其香。然性不耐劳，炒不宜久。多取入铛，则手力不匀，久于铛中，过熟而香散矣。甚且枯焦，尚堪烹点。

　　……

　　一铛之内，仅容四两。先用文火焙软，次加武火催之。手加木指，急急钞转，以半熟为度。微俟香发，是其候矣。急用小扇钞置被笼，纯绵大纸衬底燥焙，积多候冷，入瓶收藏……盖炒速而焙迟，燥湿不可相混，混则大减香力。一叶稍焦，全铛无用。然火虽忌猛，尤嫌铛冷，则枝叶不柔。以意消息，最难最难。

七经目

唐茶的七道制作工序，包括：采茶、蒸茶、捣茶、拍茶、焙茶、穿茶和封茶。其中，采、蒸、焙等工艺在宋茶的制作中延续了下来。

绿茶炒青工艺

这是明代绿茶炒青工艺的宝贵文献资料，对当代茶人也极具指导意义。许次纾从茶叶、火、器、手法等方面对炒青提出了较高的技术要求，并明确了技术规范。

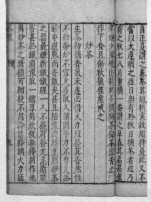

　　○ 明代废团兴散，炒青绿茶大受欢迎，许次纾《茶疏》中关于炒茶的记述，也沿袭了《大观茶论》的思想，即焙火的火候非常重要，作者甚至发出了"最难最难"的感慨

唐代制茶步骤

一 采茶

籯
（竹编的篮子）

春季，茶农背上籯，在没有云的大晴天去采茶。

二 蒸茶

榖木枝

箅
（蒸隔）

甑
（炊器）

釜

灶

采摘的新叶放入箅，再一同放进与釜相连的甑中。灶上架釜，灶下添柴，釜中添水，高温蒸青。蒸好后，拿出装有茶叶的箅，用有三杈的榖木枝翻动茶叶。

三 捣茶

杵

臼

翻动后的茶叶，放入臼中，用杵捣烂。

四 拍茶

规
（模具）

襜
（铺在砧上的布）

芘莉
（列茶工具）

承
（木台或石台）

将捣烂的茶叶装进规中，在铺有襜的承上压紧拍实。成形后取出，放在芘莉上干燥。

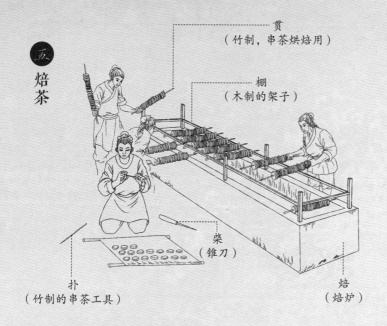

贯
（竹制，串茶烘焙用）

棚
（木制的架子）

五
焙茶

棨
（锥刀）

扑
（竹制的串茶工具）

焙
（焙炉）

干燥后，用棨在茶饼中间打孔，再用扑通过打的孔将茶饼
串起，方便运送。运送到焙前的茶，从扑上解下，再用贯
串起，架在棚上烘烤。

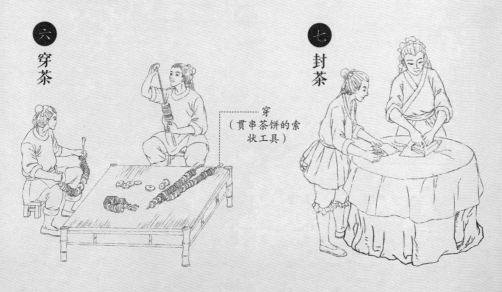

六
穿茶

穿
（贯串茶饼的索
状工具）

七
封茶

烘烤好的茶，用穿串起，方便计数。

用剡藤纸将饼茶包好。

宋代制茶步骤

茶工随身自带新汲清水，茶芽摘下后就放入水里保存，以保持其鲜洁。

二
拣芽

根据制作茶叶的等级，拣出所需的茶芽；去除白合、乌蒂，以免破坏茶的色泽和滋味。

三
濯器

清洗制茶步骤中所用到的器具，保证洁净，以免影响茶叶质量。

四
蒸芽

将拣好的茶芽洗净，摊置在蒸笼上，然后放在沸水上蒸。

五　压黄

蒸好的茶芽冷却后，用干净的布包裹团揉，之后再放入榨床中榨干水分。

六　研膏

将压榨过的茶芽放入茶研中用杵研磨，研至茶均匀、光滑、没有粗块。

七　造茶

将茶研好之后揉匀，使之变得柔腻，然后放入模子中，压制成形。

八　焙火

过黄（干燥）之后，用温火烘焙茶饼，也称为"烟焙"。

炒烘蒸晒，现代工艺百花齐放

从古至今，制茶法不断演变，如今形成了以炒青法为主的现代制茶工艺。六大茶类制法各异，这里以绿茶为例进行说明。

绿茶是我国主要茶类，又称不发酵茶，是将采摘来的鲜叶先经高温杀青，使活性氧化酶降低，从而较多地保留鲜叶的自然物质，清汤绿叶是绿茶的共同特点。绿茶大都经杀青、揉捻、干燥这些典型工艺。杀青对绿茶品质起着决定性作用；揉捻是绿茶塑造外形的一道工序；干燥的目的是蒸发水分，并整理外形，充分发挥茶香。

按杀青和干燥方法分类，绿茶可分为炒热杀青类绿茶和蒸汽杀青类绿茶。

炒热杀青类绿茶

炒热杀青是我国绿茶传统杀青方法，按干燥方式不同，又可分为炒干（炒青茶）、烘干（烘青茶）和晒干（晒青茶）。

炒青茶

品质特征： 条索紧结光润，汤色、叶底偏黄绿明亮，香气清高或带板栗香，滋味浓厚而富有收敛性。

工艺演化： 根据茶的形状分为长炒青、圆炒青和扁炒青，另加一个特种炒青。

烘青茶

品质特征: 外形完整稍弯曲、锋苗显露,干茶色泽翠绿、香清味醇,汤色碧绿或黄绿,叶底嫩绿。

工艺演化: 根据茶青的质量分为毛烘青和特种烘青。黄山毛峰、太平猴魁等都属于烘青绿茶。

晒青茶

品质特征: 利用日光进行干燥的绿茶,滋味浓重,且带有一股日晒特有的味道。云南大叶晒青毛茶就属于此类。

蒸汽杀青类绿茶

蒸汽杀青类绿茶是利用蒸汽来杀青而获得的成品绿茶。蒸青绿茶是我国绿茶鼻祖,唐宋时传至日本。

蒸青茶

品质特征: "三绿一爽",即色泽翠绿、汤色嫩绿、叶底青绿,茶汤滋味鲜爽甘醇,带有海藻味的绿豆香或板栗香。蒸青茶工艺掌握不到位,往往导致香气较闷,滋味带涩。恩施玉露就是蒸青绿茶代表。

绿茶

① 杀青

通过高温蒸发鲜叶部分水分,抑制茶叶中酶的活性,使茶叶变软,便于揉捻成形,同时散发青臭味,促进良好香气的形成。

② 揉捻

破坏鲜叶组织,让茶汁渗出,同时简单造型。

③ 干燥

有炒干、烘干、晒干等方法,目的是挥发掉茶叶中多余的水分,提高茶香,固定茶形。

红茶

① 萎凋

通过晾晒,鲜叶损失部分水分,这样能保持茶中酶的活性。同时使叶片变柔韧,便于造型。

② 揉捻

使茶容易成形并增进色、香、味。同时,由于叶细胞被破坏,便于在酶的作用下进行必要的氧化,利于发酵的顺利进行。

③ 发酵

使多酚类物质在酶的作用下产生氧化聚合反应,形成红叶红汤的独特品质。

④ 干燥

蒸发水分,缩小体积,固定外形,保持干燥以防霉变。

乌龙茶(青茶)

① 萎凋

又称晒青,散发部分水分,使叶内物质适度转化,达到适宜的发酵程度。晒青后移入室内,叫凉青。

② 做青

摇青和静置交替的过程。摇青过程伴随走水现象;静置过程伴随退青现象。

③ 杀青

防止茶叶继续变红,稳定已形成的品质。

④ 揉捻

造型步骤,将茶叶制成球形或条索形,同时渗出茶汁。

⑤ 烘焙

去除多余水分和苦涩味,使茶叶香高、味醇。

黑茶

① 杀青

因为鲜叶粗老，含水量少，需要高温快炒至呈暗绿色。

② 揉捻

杀青完成的茶叶，揉捻后晒干就成为黑茶的原料茶。

③ 渥堆

把经过揉捻的茶堆成大堆，人工保持一定的温度和湿度，用湿布或者麻袋盖好，使其经过一段时间的发酵，适时翻动1次或2次。此为黑茶色、香、味形成的关键工序。

④ 干燥

制成紧压茶，使茶叶潮软后再压制、干燥。

黄茶

① 杀青

对黄茶香味的形成有着极为重要的作用。杀青过程中蒸发掉一部分水分，酶的活性降低，散发出青草气，由此形成黄茶特有的清鲜、嫩香。

② 闷黄

黄茶加工的独特工艺，通过湿热作用使茶叶内含成分发生一定的化学变化。闷黄是黄茶形成黄色、黄汤的关键工序。

③ 干燥

采用分次干燥。干燥温度比其他茶类偏低，遵循"先低后高"的原则。

白茶

① 萎凋

萎凋过程是形成白茶干茶品质的关键。分为室内萎凋和室外萎凋，根据气候的不同灵活运用。因为没有揉捻工序，所以茶汁渗出较慢，但是由于制法独特，恰恰没有破坏茶叶本身酶的活性，所以保持了茶的清香、鲜爽。

② 干燥

挥发掉茶叶中多余的水分，提高茶香，固定茶形。

[宋] 赵佶 蜡梅山禽图 宋徽宗的花鸟画历来被公认为其成就最高的艺术作品，既有精巧入微的细笔重彩，也有野逸天趣的墨花墨禽。该图为其传世代表作品之一。

山禽矜逸态
梅粉弄轻柔
已有丹青约
千秋指白头

茶之范度不同　如人之有首面也　膏稀者　其肤蹙以文　膏稠者　其理敛以实　即日成者

其色则青紫　越宿制造者　其色则惨黑　有肥凝如赤蜡者　末虽白　受汤则黄　有缜密如苍

玉者　末虽灰　受汤愈白　有光华外暴而中暗者　有明白内备而表质者　其首面之异同　难

以概论　要之　色莹彻而不驳　质缜绎而不浮　举之则凝结　碾之则铿然　可验其为精品也

有得于言意之表者　可以心解　又有贪利之民　购求外焙已采之芽　假以制造　研碎已成

之饼　易以范模　虽名氏采制似之　其肤理色泽　何所逃于鉴赏哉

茶之范度不同，如人之有首面【二〇】也。膏稀者，其肤蹙以文；膏稠者，其理敛以实。即日成者，其色则青紫；越宿制造者，其色则惨黑。有肥凝如赤蜡者，末虽白，受汤则黄；有缜密如苍玉者，末虽灰，受汤愈白。有光华外暴而中暗者，有明白内备而表质者，其首面之异同，难以概论。要之，色莹彻而不驳，质缜绎而不浮，举之则【二一】凝结，碾之则铿然，可验其为精品也。有得于言意之表者，可以心解。又有贪利之民，购求外焙已采之芽，假以制造；研【二二】碎已成之饼，易以范模。虽名氏、采制似之，其肤理、色泽，何所逃于鉴赏【二三】哉。

---

70. 范度：指茶饼的状貌性质、品类样式。范，制茶饼的模具。

71. 首面：指外表。

72. 青紫：代指显贵。青紫为古时公卿绶带之色，带有高贵的意象。

73. 受汤：指点茶入水，茶与水融合。

74. 明白内备而表质：内在纯净具足表面却很质朴。

75. 要之：要而言之，总之。

76. 莹彻：明洁，莹洁。

77. 驳：颜色不纯，夹有杂色。

78. 铿然：声音清亮。形容敲击金石所发出的响亮声音。

79. 可以心解：用心去领悟。

80. 外焙：相较于北苑龙焙或正焙而言，是正焙外围的焙场。

81. 名氏：名称。指模具压成的样式。

校勘记

【二〇】首面：涵本作"面首"，讹倒。下云"其首面之异同"，与底本同，当以"首面"为是。

【二一】则：底本脱，据涵本补。

【二二】研：底本脱，据涵本补。

【二三】鉴赏：涵本作"伪"，两通之。

译文

　　茶饼的品类样式各不相同，就好像人有不同的外表。茶膏稀的，茶饼表面蹙皱成纹；茶膏稠的，茶饼肌理收敛紧实。当天制成的茶饼，颜色青紫；过夜而制成的茶饼，颜色就暗淡发黑。有的茶饼肥润厚重，犹如红蜡，碾成茶末虽白，但一经注水点茶就发黄。有的茶饼细密犹如苍玉，碾成茶末虽灰，但一经注水点茶就更加洁白。有的茶饼表面有光彩可内里暗淡，有的茶饼内里纯净具足而表面质朴。茶饼样式各异，很难一概而论。简要地说，茶饼颜色莹洁而不杂乱，质地紧密而不轻浮，拿在手里紧实厚重，用茶碾碾时声音清亮，可检验为茶中精品。茶叶的鉴别，有的可以通过言语来表达，有的可以用心领会。有些贪图暴利的茶人，购买外焙的茶芽，制造冒充北苑的茶；或将已经制成的外焙茶饼打碎，换上与正焙相同的茶模重新压饼制造。制成的茶饼虽然品名和样式与正焙茶饼非常相似，但其纹路肌理、色泽，怎能逃过鉴定和识别呢！

历代茶书

○ 明　朱权《茶谱》○

品茶

　　大抵味清甘而香，久而回味，能爽神者为上。独山东蒙山石藓茶，味入仙品，不入凡卉。

○ 明　许次纾《茶疏》○

辩讹

　　古人论茶，必首蒙顶。蒙顶山，蜀雅州山也，往常产，今不复有。即有之，彼中夷人专之，不复出山。蜀中尚不得，何能至中原、江南也。今人囊盛如石耳，来自山东者，乃蒙阴山石苔，全无茶气，但微甜耳，妄谓蒙山茶。茶必木生，石衣得为茶乎？

石藓茶

历代茶人都重视鉴辨，朱权推崇的蒙山石藓茶，许次纾却一针见血地指出，这是误将石苔当作茶叶，只是味道甜而已，完全没有茶气。

茶必木生

茶必定是长在树木上的，苔藓怎么能作为茶呢？

○ 唐 陆羽《茶经》○

三之造

茶有千万状，卤莽而言，如胡人靴者，蹙缩然；犎牛臆者，廉襜然；浮云出山者，轮囷然；轻飙拂水者，涵澹然。有如陶家之子，罗膏土以水澄泚之。又如新治地者，遇暴雨流潦之所经。此皆茶之精腴。有如竹箨者，枝干坚实，艰于蒸捣，故其形籭簁然。有如霜荷者，茎叶凋沮，易其状貌，故厥状委萃然。此皆茶之瘠老者也。

唐茶八种

《茶经》中列举了八种茶饼，并根据外形特征命名，前六种为上等茶饼，后两种为低档茶饼。但陆羽在后文也指出，不能仅通过外观来评定茶的优劣，既能指出优点，又能道出缺点，才是好的鉴辨方法。而宋徽宗认为鉴茶之法，有些能说出来，有些则需要用心领会。

① 胡人靴，像胡人所穿的靴子，皱缩不平

② 犎牛臆，像野牛的胸部，有较细的褶皱

③ 浮云出山，像山间的浮云，回转曲折

④ 轻飙拂水，像微风拂过水面，涟漪荡漾

⑤ 澄泥，像陶匠筛出陶土后用水沉淀出的膏泥，润泽平滑

⑥ 雨濡，像新开垦的土地被暴雨冲刷，高低不平

⑦ 竹箨，像竹皮难以蒸捣，制成的茶饼形状像箩筛一样凹凸不平

⑧ 霜荷，像打过霜的荷花一样，茎叶凋败，制成的茶饼外形干枯

观貌察色

现代"五项因子"审评法

相较于古人比较粗略的评茶方式，现代茶叶审评更为专业、精细，主要依靠评茶人员的视觉、嗅觉、味觉、触觉来判断茶叶品质的好坏。相对于茶叶理化检验，茶叶的感官审评主要检验的是茶叶品质、等级、制作等质量问题，一般通过外形、汤色、香气、滋味、叶底五项内容进行审评，简称"五项因子"。

外形

观察干茶外形的松紧、整碎、粗细、轻重、均匀程度，以及片、梗的含量与色泽。干茶以形状优美、条索整齐、色泽鲜亮、粗细匀整、不含其他杂质的为好。

汤色

标准汤色以外，茶汤要澄清、明亮、带油质感，若晦暗或浑浊不清，则不是好茶。茶汤不能浑浊或有沉淀杂物，毫除外。

香气

茶叶的香气，主要是由芳香物质的种类、浓度决定的。香气一般有花香、果香、板栗香、清香、甜香等。评茶人员通过干嗅、热嗅、温嗅、冷嗅等方式（具体见第173页）来审评不同阶段的茶香，以香气清纯、馥郁、持久为好。

○ 以蒙顶甘露为例，优质茶条索紧凑，多银毫，嫩绿油润。茶汤似甘露，碧清微黄。香馨高爽，愈品愈鲜醇，令人唇齿留香

滋味

除各大茶类标准滋味外，以滋味清香醇和为佳。凡茶汤醇厚、鲜浓者，表明水中浸出物含量多且成分好。部分好茶初尝有苦涩感，但回味浓醇，令人口舌生津。少苦涩、口腔舒适、甘润有回味的为好茶。茶汤软弱、淡薄，甚至涩口、麻舌的，品质不佳。

叶底

形状整齐、条索均匀、肥壮的为佳。叶底色泽要均匀，碎叶多的为次品。以手指捏叶底，弹性足的为佳，这表示茶叶原料好、制造得宜。也可将泡开的叶底倒于掌心，用手指轻压，感觉柔软有弹性的为好茶，触感生硬、无弹性的为低级品。

茶叶审评可以为茶叶贸易与茶叶定价提供标准，以及对制茶工艺上存在的不足给生产者提出改进意见。

快速辨茶五字诀

重

同一种类的茶，茶叶越重，代表内含物质越丰富，滋味也会更醇厚。

匀

匀包括三个方面。一是指茶叶的形状整齐一致，长短粗细均匀、相差甚少者为好。如果大小不匀，表示采工不精细，这样会导致炒制的时候，大的未干，小的枯焦，影响茶叶品质。二是指色泽，凡色泽调和、油润鲜亮的，通常都是做工精良的产品，品质也较优异。若色泽花杂不匀，可能是茶青原料不够好，或是拼配所致。三是指净度，即茶内含有茶梗、黄片、茶末及其他杂质的程度。杂质含量比例高，大多影响茶汤的品质。

香

干茶多带有自然的清香之气，如豆香、花香、果香等，上品绿茶还会有兰花香等。若干茶有异味或杂味，则品质不佳。

燥

茶叶必须足够干燥。干茶的含水量一般在3%~6%，用手轻握茶叶有微刺感，轻捏即碎，这样的茶叶干燥良好。如果用手重捏茶叶也不会粉碎，说明茶叶已回潮变软，含水量过高，品质会受影响。

润

品质优良的茶，其干茶都是油润有光泽的，泡出的茶汤也澄澈明亮。若干茶晦暗干枯，像梅干菜一样没有光泽，则品质不佳。

［宋］佚名 春游晚归图 该图描绘了数侍从紧随官员春游归来的场景。图中走在最后的荷担仆从，担子前端挑着的就是放有两个煮水汤瓶的镣炉。

七 白茶

白茶自为一种，与常茶不同。其条敷阐，其叶莹薄，崖林之间偶然生出，非人力所可致。正焙之有者不过四五家，生者不过一二株，所造止于二三铸而已。芽英不多，尤难蒸焙，汤火一失，则已变而为常品。须制造精微，运度得宜，则表里昭彻，如玉之在璞，它无与伦也。浅焙亦有之，但品格不及。

白茶[82]自为一种，与常茶不同，其条敷阐[83]，其叶莹薄。崖林之间偶然生出，非人力所可致[84]【二四】。正焙[85]之【二五】有者不过四五家，生者【二六】不过一二株，所造止于二三銙[86]【二七】而已。芽英不多，尤难蒸焙，汤火一失[87]，则已变而为常品。须制造精微，运度[88]【二八】得宜，则表里昭彻[89]，如玉之在璞[90]，它无与伦也【二九】。浅焙[91]亦有之，但品格【三〇】不及。

82. 白茶：这里的白茶指北苑一带所产的叶色偏白的茶树品种，是顶级贡茶的原料，可遇不可求，也称"白叶茶"。其工艺与其他北苑贡茶基本相同，与现今六大茶类中的"白茶"不同。

83. 敷阐：舒展、开张。敷，铺，铺展；阐，舒缓。

84. 非人力所可致：不是人工栽培所能得到的。这种变异品种不仅出现是偶然的，而且品种并不稳定，不一定能长久保持。

85. 正焙：指专门制造北苑贡茶的官焙，即北苑的核心产区。

86. 銙：指压制团饼贡茶的模具，以其形状像玉带上的銙而得名，成为宋代贡茶的专有名词。这里引申为计量单位，指一饼、一片。

87. 汤火一失：蒸青和焙火稍有闪失。

88. 运度：用心测度，这里指制茶时刻要精心把握。

89. 表里昭彻：里外澄净光亮。彻，通"澈"。

90. 如玉之在璞：如同美玉在原石之中。璞，蕴藏有玉的石头。

91. 浅焙：指正焙附近的茶焙，与外焙相比，其品质和位置都更接近正焙。

校勘记

【二四】 非人力所可致：底本及涵本等均作"虽非人力所可致"，据熊蕃《宣和北苑贡茶录》引文及上下文意，"虽"字为衍字，故删。

【二五】 正焙之：底本脱，据涵本补。

【二六】 生者：涵本脱，从底本。

【二七】 銙：底本及涵本等均作"胯"，误，据《续茶经》引文改。

【二八】 运度：涵本作"过度"，误。

【二九】 无与伦也：涵本作"无为伦也"，从底本。

【三〇】 格：底本脱，据涵本补。

译 文

　　白茶自成一种，与一般的茶不同。它的枝条舒展，叶片洁白轻薄。在山崖丛林之间偶然自发长出，不是人工栽培可以得到的。专门生产贡茶的北苑龙焙官茶园里有白茶树的不过四五家，每家的白茶树不过一二株，每年所制造茶饼的量不过两三锌。因为白茶树长出的茶芽太少，蒸茶和焙火尤其难把握。这两个步骤稍有闪失，做出来的茶就和普通茶一样了。白茶必须要精心制造，每个环节都用心把握。这样，制出的茶饼里外都澄净光亮，好像美玉包藏在璞石之中，别的茶无法与其相比。最接近正焙的浅焙茶园也做白茶，但品质规格远远不及正焙的。

○ 现代人熟知的白茶，因芽头多满披白毫而得名，与《大观茶论》中的白茶不是一回事。前者为现今六大茶类中的微发酵茶，后者为蒸青绿茶

○ 福建建安凤凰山的宋代北苑茶石刻，证明了历史上赫赫有名的北苑贡茶就产自这里

名字相同，属性不同

六大茶类中的白茶

现代人所说的白茶，指的是中国六大茶类之一，属微发酵茶，指采摘后不经杀青或揉捻，只经过萎凋和干燥工艺加工的茶。主要产区在福建福鼎、政和、松溪、建阳等地，代表品种有福鼎大白茶、福鼎大毫茶、政和大白茶、福安大白茶及福云6号、福建水仙等地方性群体种。制成的白茶产品主要有白毫银针、白牡丹、寿眉、贡眉等。

白化茶（白叶茶）

白化茶是一种自然返白突变的珍稀白化茶树，春季新梢嫩叶叶色表现出阶段白化现象。白化期叶片叶绿素含量降低，且随白化程度的加深而减少。《大观茶论》所述白茶应该属于这一类。

白化茶茶树一般为"温度敏感型"品种，产"白茶"时间很短，通常仅一个月左右。春季发出的嫩叶纯白，在春末变为白绿相间的花叶，至夏呈全绿色。

白叶茶代表品种有白鸡冠、安吉白茶、宁波白茶、景宁寺白茶、建德白茶等。

白化茶芽的生长变化

○ 春季茶芽萌发时，白化茶的嫩芽呈现出浅绿色

○ 当叶片展开后，茶芽表现出"叶白脉绿"的特殊现象

○ 茶芽长到一芽二叶时最白，随温度升高叶片逐渐返绿

白毛茶

　　白毛茶鲜叶原料采自白毛茶变种，一般是按照绿茶加工工艺制作而成的茶叶产品，是中国特种名茶之一，因茶芽粗壮、密披银色毫而得名，代表品种有乐昌白毛茶、仁化白毛茶、丹霞白毛茶、凌云白毛茶、南山白毛茶、汝城白毛茶等，制成茶类主要是绿茶，外形特点是满披茸毫，色白如雪。

○ 仁化红山白毛茶曾是清代宫廷的贡品，拥有芽头肥硕、茶毫满披、滋味甘醇、带兰花香味四大特点，位居我国三大白毛茶之首

○ 月光白是采用云南大叶种茶树的茶青，以六大茶类中的白茶工艺制作而成。因树种不在国家标准规定的白茶范围内，故不属于白茶，而是特种茶。其叶面为黑，叶背为白，毫毛披覆，夹杂着看似月光下斑驳的树影

［宋］刘松年 围炉博古图（局部）该画描绘文士们在庭院内赏画品茶的场景。背坐着的一文士，右手正在用杵研茶。茶碾与茶研、茶磨一样，都是用于研茶的工具。

碾以银为上，熟铁次之，生铁者非淘炼槌磨所成，间有黑屑藏于隙穴，害茶之色尤甚，凡碾为制，槽欲深而峻，轮欲锐而薄，槽深而峻，则底有准而茶常聚，轮锐而薄，则运边中而槽不戛，罗欲细而面紧，则绢不泥而常透，碾必力而速，不欲久，恐铁之害色，罗必轻而平，不厌数，庶几细者不耗，惟再罗，则入汤轻泛，粥面光凝，尽茶之色。

碾以银为上【三一】，熟铁[92]次之。生铁[93]者，非淘炼【三二】槌磨[94]所成，间有黑屑藏于隙穴，害茶之色尤甚。凡碾为制[95]，槽欲深而峻，轮欲锐而薄。槽深而峻，则底有准[96]【三三】而茶常聚；轮锐而薄，则运边中而槽不戛[97]。罗欲细而面紧，则绢不泥[98]而常透。碾必力而速，不欲久，恐铁之害色。罗必轻而平，不厌数[99]，庶几【三四】细者不耗[100]。惟再罗[101]，则入汤轻泛，粥面光凝[102]，尽茶之色[103]。

---

92. 熟铁：用生铁精炼而成的含碳量在0.02%以下的铁，韧性、延展性好，强度较低，容易锻造和焊接，不能淬火。

93. 生铁：即铸铁，含碳量在2%以上的铁碳合金。由铁矿石在炼铁炉中冶炼而成，除碳外，还含有硅、锰、硫等元素。

94. 淘炼槌磨：淘洗、精炼、捶打、打磨。指加工工序。

95. 制：样式。

96. 准：把握、准头。

97. 运边中而槽不戛：无论在槽的边缘还是中间，都不会刮擦槽身发出"嘎嘎"的声音。戛，象声词，形容刮磨之声。

98. 泥：阻塞。

99. 不厌数：不怕多弄几次。

100. 庶几细者不耗：但愿细末没有损耗。庶几，表示希望的语气词，或许可以；细者，指碾碎的茶末。

101. 惟再罗：只有反复地筛（这样能保持茶末颗粒细小）。

102. 粥面光凝：茶汤表面浓稠有光泽，如同粥的表面一样。粥面在宋茶中是专有名字，指点茶时茶汤表面的效果。

103. 尽茶之色：充分体现茶的色泽。

校勘记

【三一】上：底本脱，据涵本及《续茶经》补。

【三二】淘炼：底本作"掏拣"，讹误，据涵本改。

【三三】准：涵本脱，从底本。

【三四】庶几：底本误作"庶巳"，据上下文意，当为"庶几"，故改。

译　文

　　茶碾银制的最好，其次是熟铁制的。生铁制造的茶碾，因为没有经过淘洗、精炼、捶打、打磨等工序，偶尔会有黑屑藏在缝隙里，严重影响茶的色泽。大凡茶碾的样式，碾槽要深而陡峭，碾轮要锋利而薄。槽深而陡峭，那么槽底就有准头，碾茶时茶叶容易在槽底积聚；碾轮锋利而薄，在槽中运行时不会刮擦槽身发出声响。罗筛用的绢要细密，罗面要绷得紧，这样茶罗的绢则不易阻塞而保持通透。碾茶一定要有力而快速，碾的时间不能太久，否则碾铁会损害茶的色泽。罗茶用力一定要轻，持筛要平稳，不要怕多筛几次，只求已经很细的茶末没有损耗。只有经过反复细筛的茶末，点汤之后才会轻盈漂浮，茶汤表面的茶沫就像粥的表面一样浓稠华美，尽显茶之色泽。

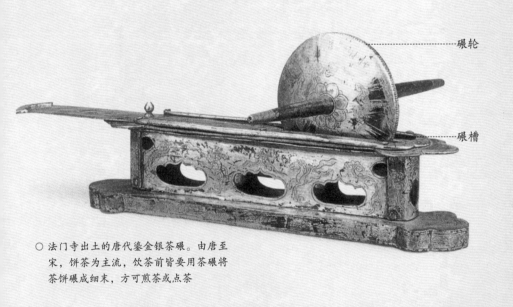

碾轮

碾槽

○ 法门寺出土的唐代鎏金银茶碾。由唐至宋，饼茶为主流，饮茶前皆要用茶碾将茶饼碾成细末，方可煎茶或点茶

罗盖

罗筛

罗底

○ 法门寺出土的唐代鎏金银茶罗。使用时套上罗底，再放入茶粉在罗筛内，盖上罗盖，以防茶末飞扬，反复细筛

○ 唐 陆羽《茶经》○

碾（拂末）

碾，以橘木为之，次以梨、桑、桐、柘为之。

罗合

罗末，以合盖贮之，以则置合中。用巨竹剖而屈之，以纱绢衣之。其合以竹节为之，或屈杉以漆之。

木制茶碾

陆羽认为，茶碾最好是橘木做的，然后是梨木和桑木。之所以不用铁和铜做，是觉得其腥气会影响茶叶的口感。

○ 宋 蔡襄《茶录》○

茶碾

茶碾，以银或铁为之。黄金性柔，铜及碯石皆能生鉎。不入用。

茶罗

茶罗，以绝细为佳。罗底用蜀东川鹅溪画绢之密者，投汤中揉洗以幂之。

碾茶

碾茶，先以净纸密裹椎碎，然后熟碾。其大要：旋碾则色白；或经宿，则色已昏矣。

罗茶

罗细则茶浮，粗则水浮。

鹅溪绢

一种绢帛，产于现四川鹅溪镇。古代当地重农桑，蚕茧出产丰富，做出的丝绸质量上乘，为唐代贡品，在宋代也为文人画家钟爱。此处所说茶罗的罗底要用绝细的鹅溪绢，而且要放到热水中将杂质揉洗干净，之后才能筛出极细的茶末。

○ 明 朱权《茶谱》○

茶磨

磨以青礞石为之，取其化痰去热故也。其他石则无益于茶。

茶碾

茶碾，古以金、银、铜、铁为之，皆能生鉎，今以青礞石最佳。

茶罗

茶罗，径五寸，以纱为之。细则茶浮，粗则水浮。

青礞石

朱权格外喜欢青礞石，因其有坠痰下气、消食攻积的作用。他认为拿这种材质的茶磨磨茶，掉下来的小细粉和茶被人一起喝掉，有益健康。

啜嚅英华

从茶研、茶碾到茶磨

在散茶瀹泡成为主流之前，中国人的饮茶方式主要是唐代煮茶和宋代点茶，所用的团饼茶皆需研成茶末。因此，把团饼茶研磨成茶粉的器具是重要的茶器之一。研磨器大致可分为茶研、茶碾和茶磨。

茶研

又名茶臼，通常为碗状，腹或深或浅，器内多涩胎无釉且有纵横交错的划痕，目的是增加研茶时的摩擦力，一般与棒杵配合使用。茶研出现得很早，三国时期张揖在《广雅》中已有"荆、巴间采叶作饼……欲煮茗饮，先炙令赤色，捣末置瓷器中，以汤浇覆之，用葱、姜、橘子芼之"的记载。

到宋代，茶研的使用更加普遍，"苏门四学士"之一的秦观专门写过《茶臼》一诗："幽人耽茗饮，刳木事捣撞。巧制合臼形，雅音侔枳椇……呼奴碎圆月，搔首闻铮钹……"

对茶研的材质、功用做了详尽的描述。在审安老人《茶具图赞》的"十二先生"中，"木待制"即木质的茶研，功能是把茶饼敲碎，与茶碾（金法曹）、罗筛（罗枢密）（见第124页）一起配合使用，可以让茶末的匀净度更高。

位于山西洪洞的元代壁画《尚食图》描绘了宫廷膳食房的一角，侍女各司其职，都在准备茶酒器具。其中有一位红衣的侍女，左手拿臼，右手持杵，正在捣茶末。元代沿袭宋代点茶法，壁画中的茶研是当时研茶为末的直观写照。

○ 唐 白釉茶研

○ 唐 邛崃窑茶研

元 壁画《尚食图》

茶碾

最早出现于唐代，陆羽《茶经》就有介绍。唐代，茶碾的使用非常普遍。法门寺地宫出土的唐代鎏金银茶碾是等级最高的皇家茶器之一。

宋代茶碾基本延续唐代，形制没有本质上的区别，一般由碾槽和碾轮配合使用，材质多样，通常为石质、木质、瓷质及金属质。在审安老人的"十二先生"中，茶碾被称为"金法曹"（见第124页）。姓金，表示用金属制成，"法曹"是司法机关，借其职能"使强梗者不得殊轨乱辙，岂不韪与"，形象地告诉人们，它是茶碾。

宋画中，也有很多描绘碾茶的场景，如《五百罗汉·吃茶准备》（现藏于日本京都大德寺）和《罗汉图》（现藏于日本奈良能满寺）。碾茶的场景同样也曾出现在辽墓壁画上，可见碾茶在宋辽金时期非常盛行。

○ 唐 白釉茶碾

○ 宋 陶茶碾

茶磨

又名茶硙，通常为石质。审安老人名之为"石转运"。黄庭坚在《简尺》卷下记述："耒阳茶硙，穷日可得二两许，未能足得瓶子，且寄两小囊。可碾罗毕，更熟碾数百，点自浮花泛乳，可喜也。"茶磨的效率比茶研和茶碾更高，它的出现，是宋人对研磨茶器的创新及饮茶生活的一大贡献。

宋画中，刘松年的《撵茶图》是宋代磨茶最直观、最形象的注脚。另外，韩国新安沉船考古出水的宋元时期的石磨，其形制与《撵茶图》中的石磨如出一辙。

○ 宋代刘松年《撵茶图》中的茶磨样式

○ 宋 石茶磨

○ 韩国新安沉船出水的宋元时期的茶磨

最初，碾饼茶用的是茶研，后来出现了茶碾，随后又出现了茶磨。茶磨的功效远胜于茶碾，宋代石磨以衡山出产者为佳。

明代散茶瀹泡法流行浪潮退去之后，这些研磨茶器完成了历史使命，湮没在历史长河之中。

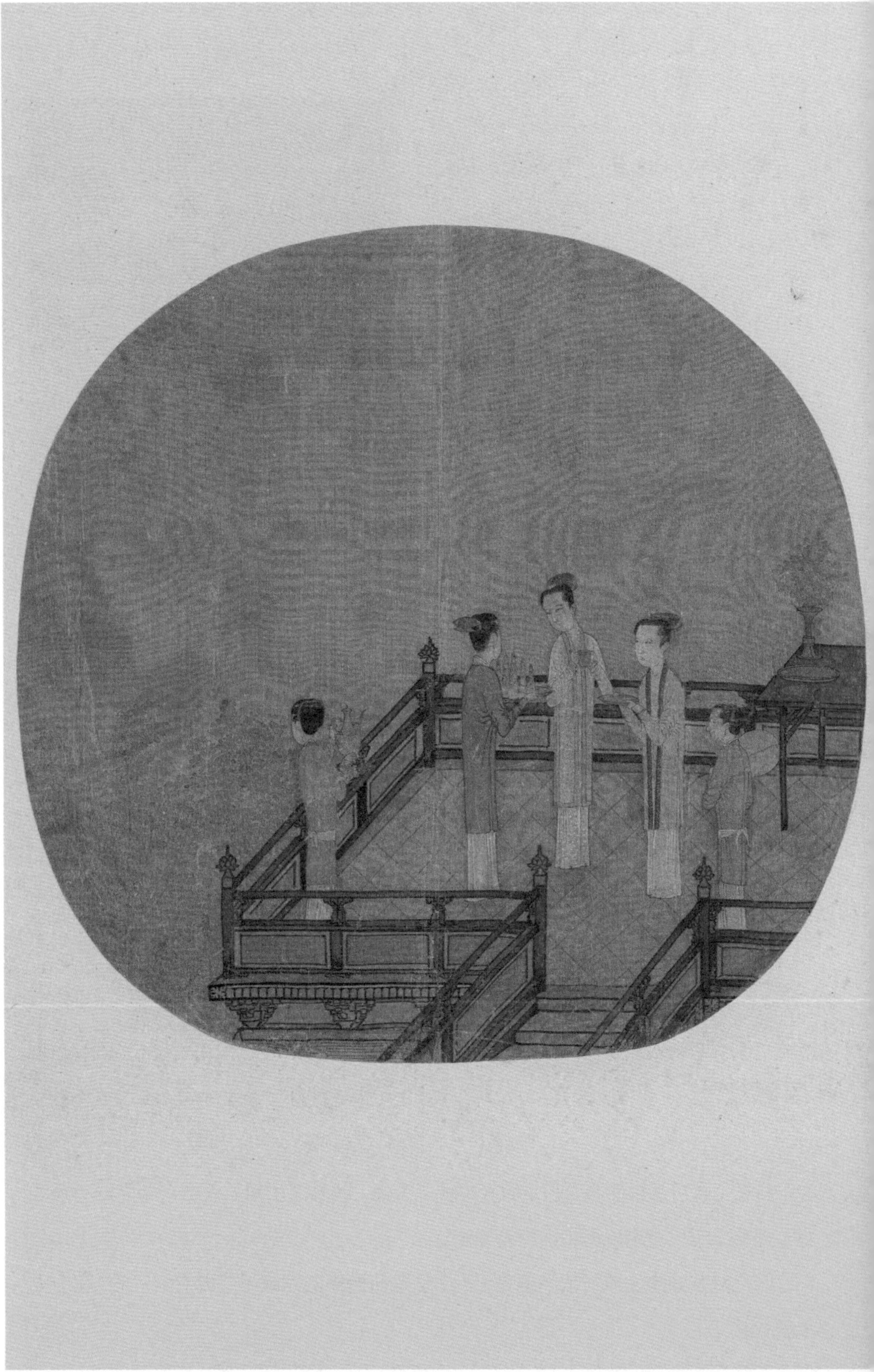

[宋] 刘宗古 瑶台步月图 图中仕女身着长裙，立于台中，或捧供品，或捧茶盘，或手端茶杯作玩赏状，其态清闲自在。

九　盏

盏色贵青黑，玉毫条达者为上，取其焕发茶采色也。底必差深而微宽，底深，则茶宜立而易于取乳；宽则运筅旋彻，不碍击拂。然须度茶之多少，用盏之大小，盏高茶少，则掩蔽茶色；茶多盏小，则受汤不尽。盏惟热，则茶发立耐久。

盏色贵青黑，玉毫条达[104]者为上，取其焕发【三五】茶采色[105]也。底必差深而微宽。底深，则茶宜立【三六】而易于取乳[106]；宽则运筅旋彻，不碍击拂[107]。然须度[108]茶之多少，用盏之大小【三七】。盏高茶少，则掩蔽茶色；茶多盏小，则受汤不尽[109]。盏惟热[110]【三八】，则茶发立[111]耐久。

---

104. 玉毫条达：玉毫指宋盏中的名品"兔毫"盏。条达，指纹路顺直，发散而不粘连。宋人斗茶，茶汤尚白色，所以喜欢用青黑色茶盏，以相互衬托。尤以黑釉上有细密层叠的浅色毫纹者为佳。

105. 采色：绚丽之色。这里指茶汤在青黑色的茶盏与银色的兔毫映衬下发出的颜色。

106. 易于取乳：易于打出白色的沫饽。宋人斗茶，以茶面泛出的汤色白为止，乳即指白色汤花。

107. 击拂：向内打为"击"，向外打为"拂"，指搅动茶汤，使之环回激荡，产生沫饽。

108. 度：估计。

109. 受汤不尽：不能注入足够的水，以便点茶。

110. 盏惟热：茶盏温度要维持。温度过低则茶末容易沉底，表面的沫饽就无法保持。

111. 发立：指茶末与水均匀混合，呈现汤花的状态。

○ 宋代建窑兔毫盏，盏身内外都分布有兔毛状的纹理，以细、长、密为佳。宋徽宗认为此类盏为茶器上品

校勘记

【三五】焕发：底本误作"燠发"，形近而讹，据涵本改。

【三六】宜立：涵本作"直立"，似误。

【三七】大小：涵本作"小大"，《续茶经》亦作"大小"，义长。

【三八】盏惟热：《续茶经》引作"惟盏热"，似应从底本、涵本等。

译 文

　　茶盏，以青黑色釉面为贵，尤其以兔毫层次丰富、纹理顺直的为上品，因为它能衬托出茶汤的光彩色泽。茶盏底部一定要深且微宽。盏底深，便于茶即时生发，易于打出白色的沫饽；盏底宽，则茶筅运转顺畅，不会影响茶筅的击拂。如此就必须估算茶量的多少，来选择大小适宜的茶盏。若茶盏高而茶量少，就会掩藏汤面的色泽；若茶量多而茶盏小，注水就不能很充分。只有茶盏保持温热，茶才能即时生发成汤花，并且停留较长时间。

　　○ 宋代斗茶们喜欢用建窑兔毫盏，因为其他地方生产的黑盏胎薄，保温性差，不如建窑的黑盏好。这款宋代兔毫盏，其毫纹虽较短粗，但黑中带褐，说明其含铁量高（含铁量越高，盏越黑）

○ 唐 陆羽《茶经》○

四之器

碗，越州上，鼎州次，婺州次；岳州上，寿州、洪州次。或者以邢州处越州上，殊为不然。若邢瓷类银，越瓷类玉，邢不如越一也；若邢瓷类雪，则越瓷类冰，邢不如越二也；邢瓷白而茶色丹，越瓷青而茶色绿，邢不如越三也。

越瓷为上

陆羽独爱越州青瓷，认为它能够呈现茶汤的青色，是宜茶之器。

○ 宋 蔡襄《茶录》○

茶盏

茶色白，宜黑盏。建安所造者绀黑，纹如兔毫，其坯微厚，燲之久热难冷，最为要用。出他处者，或薄、或色紫，皆不及也。其青白盏，斗试家自不用。

盏坯微厚

蔡襄推崇建安制造的茶盏，胎略微有点厚，燲盏后长时间都不会冷却，是最适宜点茶的器具。而且宋茶色白，如果用青白色的茶杯，就不宜茶了。

○ 明 许次纾《茶疏》○

瓯注

茶瓯，古取建窑兔毛花者，亦斗碾茶用之宜耳。其在今日，纯白为佳，兼贵于小。定窑最贵，不易得矣。宣、成、嘉靖俱有名窑。近日仿造，间亦可用。次用真正回青，必拣圆整，勿用啙窳。

定窑白瓷

明代散茶流行，对茶具又提出了新要求。许次纾提出，茶器要小，圆而完整，以定窑出产的最佳。因为定窑以白瓷著称，更能衬托出绿色的茶汤。

○ 明 朱权《茶谱》○

茶瓯

茶瓯，古人多用建安所出者，取其松纹兔毫为奇。今淦窑所出者与建盏同，但注茶色不清亮，莫若饶瓷为上，注茶则清白可爱。

饶瓷

淦窑据传位于江西，也出过类似建盏的茶瓯，但是朱权认为用其泡茶，茶色不够清亮，不如饶瓷更宜茶色。饶瓷，即江西景德镇出产的瓷器。

碗、瓯、盏、杯

历代茶碗演变

饮茶之始，茶在生活中并没有占据主流位置，喝茶所使用的器皿往往与酒器、食器混同。秦汉之后，饮茶之风渐盛，茶的地位提高，才逐渐有了专属的器皿。茶碗的称谓也经历了一系列的流变。

唐代，饮茶成为日常风俗，甚至形成了举国饮茶的社会现象。陆羽《茶经》的问世，更是引领世人注重饮茶情趣、茶道内涵，从此人们喝茶愈发讲究，对茶器有了一定要求。唐代，盛茶的器皿叫作"碗""瓯"。

卢仝《七碗茶》诗中有"一碗喉吻润，两碗破孤闷……七碗吃不得也，唯觉两腋习习清风生"；王维《酬严少尹徐舍人见过不遇》的描述则是"君但倾茶碗，无妨骑马归"。

白居易嗜茶，留下与茶有关的诗颇多，如《想东游五十韵》的"客迎携酒榼，僧待置茶瓯"，《山路偶兴》的"泉憩茶数瓯，岚行酒一酌"；边塞诗人岑参《暮秋会严京兆后厅竹斋》中有"瓯香茶色嫩，窗冷竹声干"，这里的"瓯"即茶碗。

唐代以煎茶为主，讲求的是茶汤的色泽与变化，为此茶碗口径较大、高度较矮，喝茶如喝酒，一样具有豪饮之风，这也与早期民风开放、社会包容性广等有关。茶碗脱离食器、酒器成为专门饮茶器具后，唐人在器用之外，开始对茶碗有了美的视觉需求。隋唐及五代的茶碗，以南方越窑和北方邢窑最为盛名。

○ 唐 白瓷茶碗

○ 唐 邢窑白釉碗

○ 五代越窑青瓷碗，其釉面青碧，温润如玉，如宁静的湖水一般，青绿略带
　闪黄的色彩能完美烘托出茶汤的绿色

在宋代，斗茶成风，建窑出产的黑釉盏被推上了"宋代第一茶器"的位置。故"茶盏"成为最普遍的说法，但"茶瓯""茶碗"的说法依然沿用。

苏轼《送南屏谦师》有"忽惊午盏兔毛斑，打作春瓮鹅儿酒"之句。陆游《梦游山寺焚香煮茗甚适既觉怅然以诗记之》的"毫盏雪涛驱滞思，篆盘云缕洗尘襟"，梅尧臣《次韵和永叔尝新茶杂言》的"兔毛紫盏自相称，清泉不必求虾蟆"，描写了茶盏的形貌。

对茶瓯的描述，则有范仲淹《和章岷从事斗茶歌》的"黄金碾畔绿尘飞，碧玉瓯中翠涛起"，陆游《试茶》的"绿地毫瓯雪花乳，不妨也道入闽来"，欧阳修《和梅公仪尝茶》的"喜共紫瓯吟且酌，羡君萧洒有余清"。

宋代商品经济快速发展，人们对生活的追求变为沉稳精致。受宋代理学（宋代哲学主流）的影响，宋代茶盏讲究"内敛节制"，造型上盏壁斜伸、碗底窄小，比例协调，秀丽挺拔，充满了"文人气质"，与唐代张扬、豪放、大度的气质形成了强烈的反差。

○ 宋 青釉印花盏

○ 宋 白覆轮黑釉盏

○ 宋 影青刻花葵口茶盏

○ 宋 乌金釉建盏

○ 宋代青白釉刻花盏带托盏，看似不可分割，浑然一体，实际分为托和盏两个
部分。托的作用是防止茶汤烫手，同时令饮茶更有仪式感和庄重感

　　明清时期，由于饮茶方式的巨大变革，建盏没落，景德镇窑与紫砂兴盛。茶盏开始越来越多地被称为"茶杯"，并渐成主流，"茶盏""茶瓯"的说法时有出现，但只是称谓上的沿用，实际器型与唐宋时期已有很大的不同。

　　对茶杯的描述，有文徵明《闲兴》的"莫道客来无供设，一杯阳羡雨前茶"；沈周《感宜兴善权寺寥落》的"有客新寻古洞回，国山无处问茶杯"。

○ 明 剔犀漆盏带托盏

○ 清 豆青地粉彩鱼藻纹带托瓷盖碗

○ 清 米黄地五彩花鸟纹盏带托盖一对

○ 清代粉彩"鹊桥相会"盖碗，圈足内底的篆书为"江正隆制"，外壁是粉彩绘制的董永与
七仙女相会的故事。茶器从唐宋的素雅至此已演化出雅俗共赏、色彩纷呈的多种风格

　　茶碗、茶瓯、茶盏、茶杯，不同的称谓，从侧面映照出各个时代的品饮方式，可以从中窥见中国茶史的发展和变迁。

点茶的束口盏与品茶的斗笠盏

点茶兴而建盏起。宋代斗茶成风，上至皇帝下至百姓皆是斗茶的"发烧友"，在建安贡茶产地尤甚。宋代茶色尚白，而要显其白，需用黑盏，故建盏极受推崇，并在很长时间内为宋朝皇室御用茶具，可谓"因茶而生，因茶而寂"。

审安老人《茶具图赞》赐黑釉茶盏名"陶宝文"（见第124页），封爵"去越"，字"自厚"，号"兔园上客"。姓陶名宝文，表明茶盏由陶瓷制作而成，通体有纹；去越，是对往昔"瓯除越国贮皆非"而言，表明如今是去越瓯、尊建盏的时代；茶盏其坯微厚，故称"自厚"，亦有洁身自爱之意；又因斗茶爱好者多爱兔毫盏，奉为上客，而有"兔园上客"之号。

从功用来看，建盏的器型可大致分为点茶的束口盏和品茶的斗笠盏。

束口盏

敞沿束口，腹微弧，腹下内收，浅圈足，口沿以下约1厘米向内束成一圈浅陷的凹槽，俗称"束口线"，也可称"止水线"。水注下去束口线会产生回卷，从而提供更大的冲击力。在斗茶时使用此盏既可掌握茶汤的分量，又可避免茶汤的外溢。此类碗腹较深，器型整体饱满，手感重，典型代表如供御形建盏、香炉形建盏、各形大小束口盏等。束口盏是建盏中最具代表性的品种。

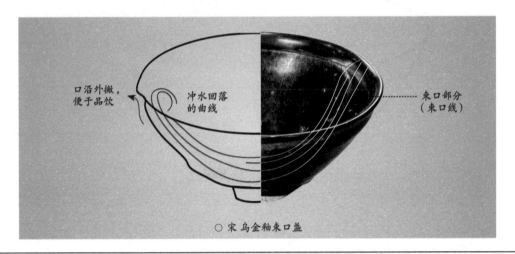

口沿外撇，便于品饮

冲水回落的曲线

束口部分（束口线）

○宋乌金釉束口盏

斗笠盏

　　品茶的茶盏，没有束口，分为敞口、敛口两种。敞口盏即俗称的"斗笠盏"，口沿外撇，尖圆唇，腹壁斜直或微弧，腹较浅，腹下内收，浅圈足，形如漏斗状。

　　敛口盏，俗称"小圆碗"，口沿微向内收敛，斜弧腹，矮圈足，挖足浅，造型较丰满。此类茶盏多用于品茶，一般配以盏托承持，有"亲近君子"之意。

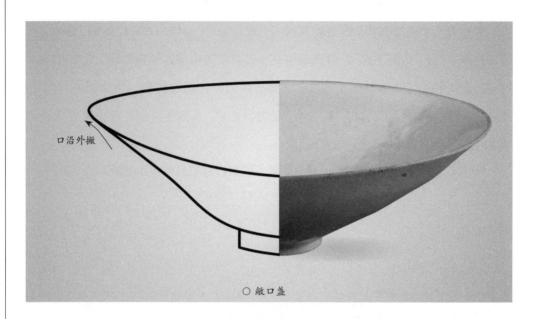

口沿外撇

○ 敞口盏

口沿微向
内收敛

○ 敛口盏

色贵青黑

建窑釉色大赏

　　宋代前期，斗茶用盏还以"碧玉瓯"为贵，范仲淹《和章岷从事斗茶歌》有咏"碧玉瓯中翠涛起"。碧玉瓯一般认为是一种越窑青瓷瓯或青白瓷盏，从茶诗作品看，北宋前期的茶瓯以越窑称最。

　　宋朝中后期，茶盏推崇建窑（今福建南平水吉镇）黑釉盏。一是斗茶所需，茶色白，宜黑盏，易于判别水痕的出现。蔡襄《茶录》有言："其青白盏，斗试家自不用。"正是青白盏不易判别水痕。二是欣赏茶汤所需，"取其焕发茶采色也"，许多诗人茶家即使不为斗茶，也选黑盏点茶。

　　黑釉是建盏的主要釉色，属于古代结晶釉的范畴，含铁量较高。在宋代"斗色斗浮"斗茶方式的流行影响下，黑釉盏被推到了"宋代第一茶器"的位置，建窑也成为公认的黑釉瓷烧制工艺的巅峰。

　　由于釉料配方的不同，窑内温度及气氛（氧化气氛或还原气氛）变化等因素的影响，建窑黑瓷釉面呈现多种纹理。建盏的釉面类型之多，无法一应概括，根据历史文献和陶瓷界的约定俗成，建盏釉色大致可分为六大类：兔毫、乌金、油滴、鹧鸪斑、曜变和杂色釉。

○ 宋 建窑黑釉盏

○ 茶色白宜用黑盏

兔毫

兔毫釉，其斑纹特点是黑色底釉中析出雨丝般放射状的析晶条纹，类似兔毛。由于"窑变"等因素影响，兔毫形状既有长、短之分，粗、细之别，还有颜色的变化，俗称"金兔毫""银兔毫"等。兔毫盏是建窑最典型且产量最大的产品，以至于人们常常以"兔毫盏"作为建盏的代名词。

乌金（绀黑）

乌金釉，其斑纹特点是茶盏通体呈绀黑色，这是建窑黑瓷较典型的釉色，是建盏的本色。乌金釉质地细腻，釉面净亮如镜，为黑釉瓷中难得的佳品。因为烧纯黑釉要求高温且窑内无氧，在1000多年前的北宋时期，窑炉气密性不佳，烧制纯黑釉是非常困难的，所以宋徽宗在《大观茶论》中评价"盏色贵青黑"。乌金釉同一般黑釉的区别除铁成分外，还含有锰、钴等元素。建窑成熟时期的乌金釉釉层普遍较厚，色黑而滋润，上乘者亮可照人，表现出庄重素雅之美。

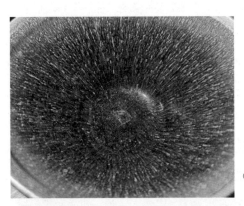

○ 兔毫盏的毫条结晶以色彩银蓝为佳，看上去银光闪闪，宛若流星

○ 盏的外部也分布细密的"兔毛"。胎体厚实，点茶时才能保持温热

○ 刻印有"供御""进盏"等底款的建盏，带着明显的皇家认证

○ 宋代建窑黑釉兔毫盏。兔毫分为黄、白、褐、蓝等不同窑变色，根据颜色
的微妙变化，又分称"金兔毫""银兔毫"等

油滴

　　油滴釉，其斑纹特点是在乌黑的底釉上散布着无数金属光泽的小斑点，像水面上漂浮的油珠。斑点呈金黄色或银灰色，故又有"金油滴""银油滴"之分。油滴是一种结晶釉，烧成难度较大，成品率低，传世或出土很少。

　　在日本文献记载中，"油滴"是仅次于"曜变"的名贵瓷品。日本大阪市立东洋陶瓷美术馆收藏的宋代建窑油滴盏，于1951年被指定为国宝。在现代收藏界，油滴盏也是一盏难求的珍品。

○ 油滴盏

○ 油滴盏。以釉面斑点大小、形状、疏密度恰到好处的为佳

鹧鸪斑

鹧鸪斑，斑纹特征为斑点状、边缘界限清晰的不规则结晶，类似鹧鸪鸟胸部羽毛"白点正圆如珠"的黑底白斑，斑纹比油滴更富立体感。以1992年在福建省建阳县水吉镇池中村原瓷厂内出土的"珍珠斑"品类，以及2007年在福建省建阳市水吉镇池中村河边出土的数十件"鹧鸪斑"纹残件为代表。鹧鸪斑在宋代不仅是建窑的成熟产品，也是一种名贵瓷品。

曜变

曜变，其特征是在黑色的底釉上聚集着许多不规则的圆点，斑点周围有一层干涉膜，在阳光照射下会呈现出蓝、黄、紫等不同色彩和光芒，随观赏角度而变。

因为"曜变"烧成难度极大，所以传世甚少，仅存三件半。日本收藏三件，其中静嘉堂文库美术馆收藏的茶盏号称"天下第一宝碗"，当属宋代建窑黑釉茶盏中的传奇之作。半件存于中国，为原杭州东南化工厂出土的宋建窑曜变釉束口盏残片。

杂色釉

建盏黑釉器系"窑变"所致，故釉面纹理变化多端，除上述五大类釉色，其余可统一归为杂色釉，包括柿红釉、赤红釉、酱色釉（酱绿釉、酱黑釉、酱黄釉）等。

建盏是天工与巧艺的结合，是宋代斗茶的文化符号，也是宋人审美与饮茶趣味的集中表现。虽然如今不再流行点茶，建盏所用甚少，但美是永恒的，建盏是曾经占据过巅峰的艺术品，它的美拥有强大的生命力，历经千年依然不衰。

○ 曜变盏，东京静嘉堂文库美术馆藏

○ 曜变盏残片，为杭州藏家收藏

［宋］刘松年　撵茶图（局部）　画面中描绘了宋人磨茶、点茶的情景。方桌一角放着的就是一只扁形的茶筅，除此之外，圆形茶筅在宋代也较流行。

十　筅

茶筅以筋竹老者为之。身欲厚重，筅欲疏劲。本欲壮而末必眇，当如剑脊之状。盖身厚重，则操之有力而易于运用。筅疏劲如剑脊，则击拂虽过而浮沫不生。

茶筅¹¹²以筋竹^{113【三九】}老者为之，身欲厚重，筅欲疏劲¹¹⁴，本欲壮而末必眇^{115【四〇】}，当如剑脊^{116【四一】}之状。盖身厚重，则操之有力而易于运用；筅疏劲如剑脊^{【四二】}，则击拂虽过而浮沫不生。

---

112. 筅：宋代点茶、分茶、斗茶时使用的茶具，用于击拂。

113. 筋竹：竹名，一种中实而强劲的竹，竹梢尖锐，可作矛用。

114. 疏劲：开张，有力。

115. 本欲壮而末必眇：筅身（筅柄）要壮实，筅尾（筅穗）要细。眇，细小。

116. 剑脊：剑身中间棱起的中分线。古剑两刃薄而中间厚，其形如鱼脊，故称剑脊。

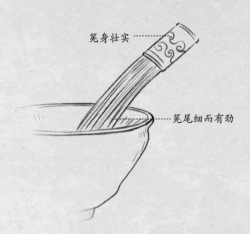

筅身壮实

筅尾细而有劲

校勘记

【三九】 筋竹：底本作"觔竹"，"觔"乃"筋"之借字，"筯"又为"筋"之异体字，故应作"筋竹"。

【四〇】 眇：底本作"耺"，"眇"之异体字，今从涵本改。

【四一】 剑脊：底本作"剑瘠"，系别字，故改。

【四二】 之状……剑脊：涵本脱此二十二字。

译文

　　茶筅要用老的筋竹做成，筅身要厚重，筅尾要疏朗有劲。筅身厚重壮实而筅尾纤细，形状应当像剑脊一样。筅身厚重，就能够有力地操控，自如地运用。筅尾疏散强劲像剑脊，即使击拂稍微过了也不会产生浮沫。

历代茶书

○ 明 朱权《茶谱》○

茶筅

　　茶筅，截竹为之。广、赣制作最佳。长五寸许，匙茶入瓯，注汤筅之，候浪花浮成云头雨脚乃止。

云头雨脚

此处所说的"云头雨脚"与蔡襄在《茶录》中提及的"云脚粥面"大致相同，都是形容汤花泛起形成的纹理。

○ 茶筅形制从扁平分须发展至立体圆形分须，最主要的原因是点茶追求大量的沫饽

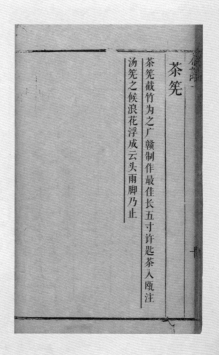

茶筅截竹为之广赣制作最佳长五寸许匙茶入瓯注汤筅之候浪花浮成云头雨脚乃止

"斗色斗浮"的必备利器

　　点茶最关键的一步是用茶匙或茶筅击拂茶汤,使沫饽丰富饱满。点茶和斗茶的技艺,大半在击拂。击拂茶汤,茶筅的效果优于茶匙,因此出现时间较晚的茶筅,渐渐取代了茶匙。茶筅的使用始见于宋徽宗,这种炊具用作茶具的方法堪称一大发明,宋徽宗的倡导功不可没。

　　审安老人的"十二先生"中,茶筅被称为"竺副帅"(见第124页)。"竺"表明用竹制成,功能是"善调"茶汤。"雪涛"者乃经点茶调制后的沫饽,"赞"中誉茶筅为"方金鼎扬汤"的"公子"。

　　茶筅的形象在宋画中也有所体现,从周季常、林庭珪《五百罗汉图·吃茶图》中可以看到点茶之人手执的圆形茶筅;刘松年《撵茶图》中,桌上放有一只扁形茶筅。内蒙古赤峰市元代壁画《进茶图》中茶几上的也是一只圆形茶筅,与如今日本茶道中所用的如出一辙。

○ 宋代周季常、林庭珪《五百罗汉图·吃茶图》中的茶筅

○ 宋代刘松年《撵茶图》中的茶筅样式

宋代，点茶传入日本，经过日本茶人的继承和发扬，发展成为今天的日本抹茶道。当时的点茶方式和所用器具一并传入，沿用并发展至今，茶筅即为其中之一。日本抹茶道，亦叫作"茶之汤"，是日本茶道的主流。它将日常生活与宗教、哲学、美学联系起来，以"和敬清寂"为宗旨，成为一项综合性的文化艺术活动，现已成为日本国粹。

从明朝开始，中国人的饮茶方式经历变革，清饮法逐渐取代了点茶法，茶筅也遭遇了没落的命运。时至今日，中国人饮茶几乎不再用到茶筅，但茶筅并未失传，它在一海之隔的日本落地开花，使用至今。茶筅体现了中国茶文化对日本茶道的深远影响。

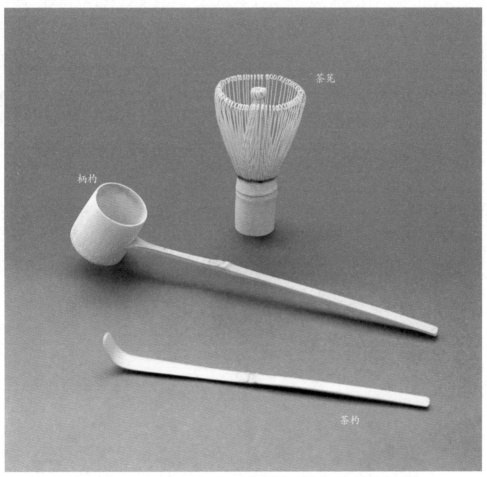

○ 日本抹茶道所用工具。宋人点茶用汤瓶注水，而抹茶道则是用釜煮水，再用柄杓舀水点茶

〔宋〕佚名　会昌九老图（局部）　图中『会昌九老』退休后在洛阳白居易住所欢聚。宋人将他们画在一起，还将汤瓶煮水、点茶场景入画，增添聚会高雅气氛。

十一 瓶

瓶宜金银。小大之制。惟所裁给。注汤利害。独瓶之口嘴而已。嘴之口。欲差大而宛直。则

注汤力紧而不散。嘴之末。欲圆小而峻削。则用汤有节而不滴沥。盖汤力紧。则发速有节

而不滴沥。则茶面不破。

瓶宜金银，小大【四三】之制，惟所裁给¹¹⁷。注汤利害【四四】，独瓶之口嘴¹¹⁸而已。嘴之口，欲差【四五】大而宛直¹¹⁹，则注汤力紧而不散¹²⁰；嘴之末，欲圆小而峻削¹²¹，则用汤有节而不滴沥。盖汤力紧，则发速有节¹²²；而【四六】不滴沥，则茶面不破。

---

117. 裁给：根据需要判断安排。

118. 口嘴："口"和"嘴"所指不同，"口"指的是嘴与壶身相接的地方，"嘴"指的是出水的细长部分。

119. 欲差大而宛直：嘴开口的位置比较高，落差大。

120. 力紧而不散：有力快速，不会中断。力紧，出水的控制力好，收放自如。

121. 峻削：指壶嘴开口的地方与嘴身的角度要形成一个锐角，这样在收水的时候不容易滴水。唐代的注子往往开口成直角，宋代根据点茶的需要做了改进。

122. 发速有节：对速度进行很好的控制，欲快则快，欲慢则慢。

○ 唐巩县窑白瓷汤瓶

○ 宋青白瓷汤瓶

校勘记

【四三】 小大：涵本作"大小"。

【四四】 利害：底本作"害利"，据涵本改。

【四五】 欲差：底本及《古今图书集成》本作"差"，脱"欲"；涵本作"欲"，脱"差"。三本合校，应为"欲差"。

【四六】 而：底本脱，据涵本补。

大观茶论 寻茶问道

译文

　　煮水的汤瓶适宜用金银制作，大小规格应该根据使用需要来裁定。注水的好坏，关键在于汤瓶的口、嘴部分。瓶嘴在瓶身上的开口要高且近乎直，这样注水有力又不散乱；瓶嘴的末端要圆小而陡峭，这样注水时易于控制水流而不会出现流滴。注水时的控制力好，茶就可匀速地生发；瓶嘴不流滴，茶汤表面就不会破。

历代茶书

○ 宋 蔡襄《茶录》○

汤瓶

　　瓶要小者，易候汤，又点茶、注汤有准。黄金为上，人间以银、铁或瓷、石为之。

瓶要小者

煎水的瓶子要小，这样容易掌握水的温度，在点茶加汤的时候也易于控制。

○ 明 许次纾《茶疏》○

煮水器

　　金乃水母，锡备柔刚，味不咸涩，作铫最良。铫中必穿其心，令透火气。沸速则鲜嫩风逸，沸迟则老熟昏钝，兼有汤气，慎之慎之。茶滋于水，水藉乎器，汤成于火。四者相须，缺一则废。

锡作铫最良

宋徽宗认为金银适合制作煮水器，而许次纾在《茶疏》中则推荐用锡制作茶铫来煮水。而随着茶法演变和工艺革新，如今，金、银、铁、瓷、陶等皆可用于制作煮水器和泡茶器。

○ 明 朱权《茶谱》○

茶瓶

　　瓶要小者易候汤，又点茶注汤有准。古人多用铁，谓之罍。罍，宋人恶其生铁，以黄金为上，以银次之。今予以瓷石为之，通高五寸，腹高三寸，项长二寸，嘴长七寸。凡候汤不可太过，未熟则沫浮，过熟则茶沉。

瓷石汤瓶

宋人认为铁有锈，不适合用来煎水。到了明代，茶风重回素简，所以多用瓷石取代金银来制作茶瓶。

从形辨三沸到声辨三沸

　　在斗茶蔚为成风的宋代，对点茶技艺的评判细致且严格，每一个环节的细微差别都可能影响最终的成效。"煮水候汤"可以说是点茶的前奏，善始则功成其半，其作用不容忽视。

　　汤瓶作为宋代煮水器，有着煮水注水的功用。审安老人《茶具图赞》中，汤瓶被称为"汤提点"（见第124页），即可用它提而点茶；其名"发新"，表明可显茶色；字"一鸣"，谓沸水之声；号"温谷遗老"，指瓶水水热，如温泉。

○ 河北宣化辽代张世卿古墓壁画《备茶图》中的汤瓶样式

○ 宋代《春宴图》中的汤瓶样式

从唐宋开始，古人对煮水就十分看重，对沸点的拿捏极为讲究。用于泡茶的水，不能不沸，也不能沸过头。煮得恰到好处的水可以激发茶性，使茶的色、香、味发挥到极致。水若煮过头，沸腾过久，古人谓之"水老"，认为"水气全消"，会使茶的鲜爽度大打折扣。水若还未完全烧开，谓之"水嫩"，同样不适宜煮（瀹）茶。

水因温度而呈现三态：冰、水、汽，有其敏感的不同性状。就冲茶而言，水有一沸、二沸、三沸。对水沸程度的辨识，便成为事茶人的必修课。明代张源总结前人的经验，在《茶录》中记载了辨汤的方法："汤有三大辨，十五小辨。一曰形辨，二曰声辨，三曰气辨。形为内辨，声为外辨，气为捷辨。"

○ 唐 越窑青釉执壶

○ 唐 白釉茶炉

《茶录》中记载的辨汤方法

三大辨	十五小辨				
	一沸（萌汤）	二沸（萌汤）	三沸（萌汤）	四沸（萌汤）	五沸（纯熟）
形辨	虾眼	蟹眼	鱼眼连珠	腾波鼓浪	水气全消
声辨	初声	转声	振声	骤声	无声
气辨	气浮一缕	二缕	三四缕	缕乱不分、氤氲乱绕	气直冲贯

唐代以煎茶法为主流，用镀煮茶，可用眼力判断，观其逐渐沸腾之貌，故为"形辨"法。陆羽在《茶经·五之煮》中提出了"三沸"之说，对水的三个阶段做了严格界定："其沸如鱼目，微有声，为一沸；边缘如涌泉连珠，为二沸；腾波鼓浪，为三沸。已上水老，不可食也。"

竹箕

镀

风炉

灰承

○ 陆羽《茶经》中提到的煮水方法。当水一沸时放盐，二沸时舀出一瓢待用，三沸时再将舀出的水倒回。所以观察水的变化十分考验煎茶人的技艺

○ 水煮沸时，水泡像鱼眼，有轻微的声响，此为"一沸"

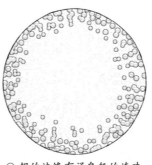

○ 锅的边缘有涌泉般的连珠水泡时，称为"二沸"

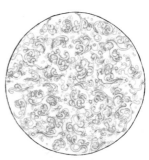

○ 水在锅中翻腾如浪，为"三沸"

到了宋代，点茶成风，需把团茶研磨成粉末状，筛罗后直接投入茶盏，注入煮沸的水冲点击打。这种方式需要茶水现烧现点，对水的沸腾程度要求很高，辨别水沸的时机便至关重要，对此一个专门的说法——"候汤"产生了。候汤的难度在于未熟则沫浮，过熟则茶沉，只有把握好水沸的程度，才能冲点出色、香、味俱全的茶汤。

宋代用汤瓶煮水，汤瓶圆肚细颈，人们无法用眼力判断烧煮程度。故宋代候汤主要采用"声辨"法，全靠听力来判断水沸程度，相当考验煮茶人的技术。蔡襄的"候汤最难"一说，更由此成为公论。

南宋罗大经在《鹤林玉露·茶瓶汤候》中有"声辨之诗"两首，记录了煮水听水的技巧，一诗云："砌虫唧唧万蝉催（初沸），忽有千车捆载来（二沸）。听得松风并涧水（三沸），急呼缥色绿瓷杯。"另一诗云："松风桧雨到来初，急引铜瓶离竹炉。待得声闻俱寂后，一瓯春雪胜醍醐。"

还有一种叫气辨法，以观察蒸汽来判断。"如气浮一缕、二缕、三四缕"，为一沸；"及缕乱不分，氤氲乱绕"，为二沸；"直至气直冲贯，方是纯熟"，为三沸。

汤至三沸时，便可提起汤瓶，把沸水注入放有茶末的茶盏中，用茶筅击拂，开始"点茶"环节。

○ 宋 龙泉窑青釉暗刻花六棱执壶

○ 宋 鎏金银汤瓶

睡起山齋渴思長
長呼童剪茗滁
枯腸軟塵落硙
龍團綠活水翻
鐺蟹眼黃耳底
雷鳴輕著韻鼻
端風過細聞
香一甌洗得
雙瞳矂飽乾
菩溪雲水郷
窺斑

【元】赵原 陆羽烹茶图（局部） 该图是以「茶圣」陆羽隐居苕溪为题材的山水画。图中，陆羽坐于榻上，一僮子正拥炉烹茶，与茶相伴的生活，十分闲适。

十二 杓

杓之大小○当以可受一盏茶为量○过一盏○则必归其有余○不及○则必取其不足○倾杓烦数○茶必冰矣○

杓之大小，当以可受一盏茶为量[123]。过一盏，则必归其有【四七】余；不及，则必取其不足。倾杓烦数[124]，茶必冰矣。

123. 以可受一盏茶为量：杓用来分茶汤，即一勺茶汤刚好就是一盏的量。
124. 烦数：频繁，多次。

《茶具图赞》之"十二先生"

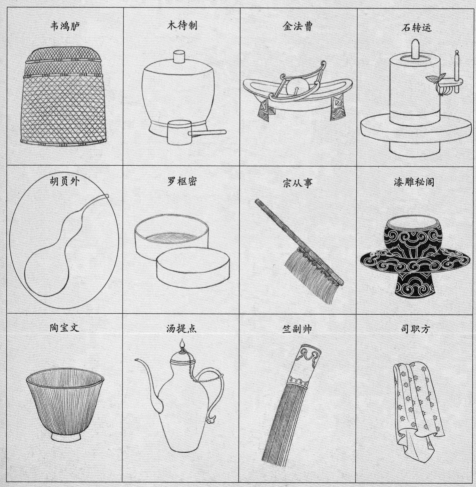

韦鸿胪	木待制	金法曹	石转运
胡员外	罗枢密	宗从事	漆雕秘阁
陶宝文	汤提点	竺副帅	司职方

○ 宋代审安老人的《茶具图赞》中，按宋代官制冠茶具职称，赐以名、字、号，展现了其相应的质地、形制、作用，非常形象有趣。图中圈出的就是被称为"胡员外"的瓢杓

校勘记

【四七】有：底本与涵本等皆脱，据涵本张宗祥"余"前脱"有"一说补。

译文

　　杓的大小，应当以能盛一盏茶汤的量为宜。如果超过了一盏的容量，那余下的就一定要倒回去；如果不足一盏的容量，那就一定要再取茶汤补上不足的部分。如果用杓频繁地取茶，茶必定会变凉。

历代茶书

○ 唐 陆羽《茶经》○

四之器

　　瓢，一曰牺杓。剖瓠为之，或刊木为之。晋舍人杜毓《荈赋》云："酌之以瓢。"瓢，瓢也，口阔，胫薄，柄短。永嘉中，余姚人虞洪入瀑布山采茗，遇一道士，云："吾丹丘子，祈子他日瓯牺之余，乞相遗也。"牺，木杓也。今常用以梨木为之。

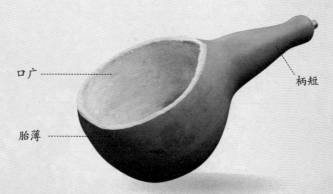

口广

柄短

胎薄

　　○《茶经》中的瓢，功用是从水方中取水，倒入镇中烧沸，煮好茶后再用瓢分茶，所以瓢的风格更为豪放。而《大观茶论》中记录的杓，功用是在多人饮茶时，用盆点茶后，再用杓均匀分至盏内，看上去相对婉约

不改初心的大瓢小杓

唐代的瓢为取水和分酌工具，宋代的杓沿袭其功用，形制上可分为两种，葫芦所制的茶瓢，及金属、竹木或陶瓷制的茶杓。

审安老人的"十二先生"中，瓢杓被称为"胡员外"（见第124页）。姓"胡"，表示由葫芦制成；"员外"暗示"外圆"，指茶瓢外形圆滚；名"惟一"，典出《论语》"一膳食，一瓢饮"，指物质生活简单快乐；字"宗许"，指许由挂瓢的典故，形容隐士清高，弃绝俗事烦扰。

苏轼《汲江煎茶》对瓢杓有这样的描述："大瓢贮月归春瓮，小杓分江入夜瓶。"王洋《尝新茶》中也有"僧作虚白无埃尘，碾宽罗细杯勺匀"之句。

从宋画中可以看出，有别于人少时的茶盏点茶，宋代在多人共饮的情况下，往往会用一个较大的茶盆进行点茶，之后用杓分到各个盏内。原文中要求一杓就是一盏的量，若是反复增减，那么茶汤就会变凉。

○ 金属制茶杓

日本抹茶道由宋代点茶演化而来，其所用茶具可以看出宋代遗风，主要包括茶碗、茶筅、茶杓、柄杓等。其中的柄杓即映照宋代的瓢杓，为竹制的取水用具，用来取出釜中的热水。在点茶过程中，可以通过柄杓舀水来调节釜中热水的温度。

日本煎茶道中目前仍保留着名为"瓢杓点前"的点茶法，这里的瓢杓由葫芦制成，映照宋代"胡员外"，功用也是取水。

中国现代茶道中，极少用到瓢杓。在多人共饮的场合，事茶人采用碗泡法时，会用到杓，一般有银质的和竹制的，用于分茶。

经历了饮茶方式的变迁，瓢杓也从"十二先生"的显赫地位，到如今泯然于世，慢慢淡出了人们的视线。

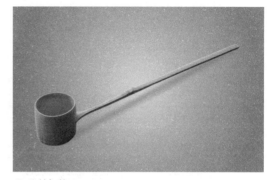

○ 竹制柄杓

瓢杓

○ 日本煎茶道中的茶器

〔明〕仇英　松亭试泉图（局部）　亭中隐士在品茶赏景，其中一僮子蹲着煮茶，另一僮子在溪边持瓶汲泉。历代茶人对烹茶水的要求都很高，大都以『泉水为上』。

十三　水

水以清轻甘洁为美。轻甘乃水之自然。独为难得。古人第水。虽曰中泠惠山为上。然人相去之远近。似不常得。但当取山泉之清洁者。其次。则井水之常汲者为可用。若江河之水。则鱼鳖之腥。泥泞之污。虽轻甘无取。凡用汤以鱼目。蟹眼连绎迸跃为度。过老则以少新水投之。就火顷刻而后用。

水以清轻^{【四八】}甘洁¹²⁵为美。轻甘乃水之自然，独为难得。古人第^{126【四九】}水，虽曰中泠（líng）、惠山¹²⁷为上，然人相去之远近，似不常得。但当取山泉之清洁者。其次，则井水之常汲者为可用。若江河之水，则鱼鳖之腥，泥泞之污，虽轻甘无取¹²⁸。凡用汤以鱼目、蟹眼连绎迸跃¹²⁹为度，过老则以少新水投之，就火¹³⁰顷刻而后用。

---

125. 清轻甘洁：清，是对浊而言，要求水澄澈不混浊；轻，水的密度低、质地轻，即今日说的"软水"；洁，干净卫生，无污染。这三者是讲水质。甘则指水味，要求入口甘美，不咸不苦。

126. 第：品第，评定。

127. 中泠、惠山：中泠在今江苏省镇江市金山寺外。原在长江中，因江水西来受二礁石阻挡形成三泠（北泠、中泠、南泠），泉在中间水曲下而得名。惠山指惠山泉，在今江苏省无锡市惠山第一峰白石坞下。

128. 无取：无法取用。

129. 连绎迸跃：连续不绝地上涌。

130. 就火：在火上加热。

校勘记

【四八】清轻：《续茶经》引作"轻清"。

【四九】第：底本作"品"，据涵本改。

译文

　　水以清、轻、甘、洁为最好。质轻、味甘是水的自然本性，特别难得。古人品评天下水，虽然说以镇江中泠泉、无锡惠山泉为上品，可是人们离这些名泉的距离有远有近，并不是日常可得。其实，取清洁的山泉就可以了。其次，从人们常用的井中汲取的井水也可以用。至于江河之水，因有鱼鳖的腥味、泥泞的污浊，即使是质轻味甘也不可取用。用于点茶的水，以煮开时水里有鱼目和蟹眼大小的气泡连续上涌的程度为宜。如果水沸腾的时间过长，就要往里加些新汲之水，放在火上再烧煮片刻后使用。

○ 唐 陆羽《茶经》○

五之煮

　　其水，用山水上，江水中，井水下。

○ 明 许次纾《茶疏》○

择水

　　精茗蕴香，借水而发，无水不可与论茶也……今时品水，必首惠泉，甘鲜膏腴，致足贵也。往三渡黄河，始忧其浊，舟人以法澄过，饮而甘之，尤宜煮茶，不下惠泉……余尝言有名山则有佳茶，兹又言有名山必有佳泉……余所经行……皆尝稍涉其山川，味其水泉，发源长远，而潭泚澄澈者，水必甘美。即江河溪涧之水，遇澄潭大泽，味咸甘冽。唯波涛湍急，瀑布飞泉，或舟楫多处，则苦浊不堪……凡春夏水长则减，秋冬水落则美。

虎林水

　　杭两山之水，以虎跑泉为上。芳冽甘腴，极可贵重，佳者乃在香积厨中上泉，故有土气，人不能辨。其次，若龙井、珍珠、锡杖、韬光、幽淙、灵峰，皆有佳泉，堪供汲煮。及诸山溪涧澄流，并可斟酌，独水乐一洞，跌荡过劳，味遂漓薄。玉泉往时颇佳，近以纸局坏之矣。

○ 明 朱权《茶谱》○

品水

　　臞仙曰："青城山老人村杞泉水第一，钟山八功德水第二，洪崖丹潭水第三，竹根泉水第四。"或云："山水上，江水次，井水下。"伯刍以扬子江心水第一，惠山石泉第二，虎丘石泉第三，丹阳井第四，大明井第五，松江第六，淮水第七。

宜茶之水

宋徽宗的观点和陆羽不同，他认为山水上，井水可用，但是反对用江河水。

有名山必有佳泉

"无水不可与论茶"，许次纾把茶与水的关系提升到一个新的高度。作者通过实地考察，对水的品质进行鉴辨，还提出"有名山必有佳泉"的观点。

保护水源地

在对玉泉的考察中，许次纾指出水源地周边不能有污染源，这在今天看来都是非常环保的理念。

评水等级

从陆羽开始，历代茶人就热衷于鉴辨天下之水，并且要给出品第。朱权借隐居的术士和唐代大臣刘伯刍之口，道出了自己心目中好水的排名。

宜茶之水的标准

水之于茶，犹如水之于鱼一样，"鱼得水活跃，茶得水更有其香、有其色、有其味"。关于宜茶之水，除了上述历代茶书所记载的，明代张大复的《梅花草堂笔谈》也说过："茶性必发于水。八分之茶，遇十分之水，茶亦十分矣；八分之水，试十分之茶，茶只八分耳。"

自唐代陆羽《茶经》之始，历代茶人对泡茶用水都十分重视，逐步形成一套基于感官经验的宜茶之水理论，时至今日，很多方面仍经得起科学的推敲。

古人对泉水的评判有"八大功德"之说，即一清、二冷、三香、四柔、五甘、六净、七不噎、八蠲疴（去疾病）。历代鉴水专家对水的品评各有差别，但共同之处就是源清、水甘、品活、质轻。

现代人对水的鉴别标准可概括为五字诀——清、轻、甘、冽、活，五项指标俱全的水，可称得上是宜茶之水。

○ 用来泡茶的水，最基本的要求就是"清"。水要清洁无垢、清可见底、浊度低

清

水质要清。水清则无杂、无色、透明、无沉淀物，最能显出茶的本色。

轻

水体要轻，即水的密度低。水的比重越小说明水的分子团越小，在口感上表现为柔顺细滑。再加上小分子团更易渗透到茶叶内部，茶汤滋味也会更加浓郁。

甘

水味要甘。所谓水甘，即一入口，舌尖会有微甜的感觉；咽下去后，喉中也有甜爽的回味。用这样的水泡茶，自然会增添茶的风味。

冽

水温要冽。冽即冷寒之意，因为寒冽之水多出于地层深处的泉脉之中，受污染少，泡出的茶汤滋味纯正。

活

水源要活。在流动的活水中细菌不易繁殖，同时活水经过自然净化，氧气和二氧化碳等气体的含量较高，泡出的茶汤特别鲜爽。

古往今来，各地名水甚多，茶人们公认的一条标准是"当地水泡当地茶"。产茶胜地，多有好水相伴，最适合用来泡一款茶的水是产茶地的水，如龙井茶配虎跑泉、顾渚茶配金沙泉等皆是公认的经典组合。

陆羽尝谓："烹茶于所产处无不佳，盖水土之宜也。"

○ 虎跑泉水和西湖龙井茶被称为"杭州双绝"

宋徽宗在《大观茶论》中阐述，古人品水，以中泠泉和惠山泉为上等。唐代茶圣陆羽和刑部侍郎刘伯刍在品尝了全国各地沏茶的水后，虽品评范围不一，但都对这两个泉的水赞赏有加。

○ 陆羽品评天下泉水时，中泠泉名列全国第七。之后，刘伯刍将水分为七等，中泠泉依其水味和煮茶味佳为第一等，因此被誉为"天下第一泉"

○ 据张又新《煎茶水记》记载，最早评点惠山泉水的是陆羽和刘伯刍，两人不约而同地将其列为"天下第二泉"

为茶寻找最合适的水，历来如此。虽然当地水配当地茶最为适宜，然而变数众多：污染的环境、大批的游客使许多名泉、名水失去了曾经的韵致，更非随处可得。江河水、雨雪水更是无人敢问津，不过幸好还有许多经现代技术处理的水。

现代宜茶之水的要求

特征	具体要求
酸碱性	酸度接近中性，稍显弱酸，pH 在 6.5~7.0 最佳，pH > 7.0 的水会促进多酚物质发生氧化反应，影响茶汤色泽变化
硬度	硬度要低，钙、镁离子含量小于 8.0 毫克/升。硬水泡茶，会导致茶汤暗淡浑浊，香气难出，滋味涩。泡茶以软水为佳
卫生程度	水的透明度好，无异味。重金属和细菌、真菌指标符合饮用水的卫生标准
空气含量	水体本身溶解了一部分氧气和二氧化碳，泡茶时参与茶汤口感的形成，因此烧水时不宜过沸和反复烧水

纯净水

采用科学技术将一般的饮用水变成不含任何杂质的纯净水，并使水的酸碱度达到中性。用这种纯净度好、透明度高的水泡茶，沏出的茶汤晶莹清澈，而且香气滋味纯正，无异味、杂味，鲜醇爽口。

自来水

自来水含氯，不适合直接取用泡茶。将自来水煮沸5分钟即可除氯，或者将自来水存在无盖的容器中静置一天，氯气会自然散去。另外，还可用净水器过滤自来水，以保证泡茶用水的纯净。

矿泉水

矿泉水以含一定的矿物质和微量元素为显著特征，对人体新陈代谢有益。对泡茶而言，选择合适的软水类矿泉水不仅有助于茶水品味的提升，还对身体有好处。

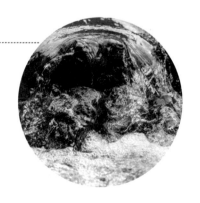

古人养水储水的智慧

古人对水研究细致，从名泉到江河湖井之水皆有论述。烹茶不一定都取名泉，天下之大，并非处处有佳泉，所以茶人主张因时、因地、因具体条件便宜从事。这时，"储水养水"的技巧就显得尤为重要。储养得当，去除了杂质和异味，就可得烹茶的好水。

如取大江之水，应在上游、中游植被良好幽静之处，于夜半取水，左右旋搅。取回静置三日，而后自缸心轻轻舀入另一空缸，至七八分，将原缸渣水沉淀倾弃。如此搅拌、沉淀、取舍三遍，即可备以煎茶。

如取初雪之水、朝露之水、清风细雨中的"无根水"等，也有一定的选择标准和储养方法。明人屠隆在《茶说·择水》中载："秋水为上，梅水次之，秋水白而冽，梅水白而甘，甘则茶味稍夺，冽则茶味独全，故秋水较差胜之。春冬二水，春胜于冬，皆以和风甘雨，得天地之正施者为妙。惟夏月暴雨不宜，或因风雷所致，实天之流怒也。"也就是说，秋雨最好，梅雨次之；春雨比冬雨

○ 古人以"雪水"煎茶的诗文，反映了自唐宋以来"雪水"煎茶的风俗。但现如今雨水、雪水污染严重，几乎不能用于泡茶了

好一些，这是因为春雨得自然界春发万物之气，用于煎茶可补脾益气。

江南地区的茶客流行这样一句话："时雨甘，泼煮茶，美而有益。"文人雅士还相约至名胜之地品尝雨水所烹之茶，并吟诗写字作画，尽兴挥毫。此举被称为"雨集"，风雅之至。

○ 用清晨荷叶上的露水煮茶，味道清香。据说，乾隆帝最讲究取用露水，尤其喜欢收集太平湖里荷叶面上的露水来烹茶饮用

○ 用经过砂石过滤、水质清净晶莹的山泉水泡出的茶，茶色鲜亮，清香四溢，入口润滑

　　无论是雨水还是雪水，都要经过一定的储养和处理，来年使用为宜。明代文震亨认为"（雪）新者有土气，稍陈乃佳"。清袁枚《随园食单》载："然天泉水、雪水力能藏之。水新则味辣，陈则味甘。"可以看出，"天落水"烹茶多用旧年陈水，水经陈放后味更甘甜。

　　这些都是古人从实践中得来的自然之法，符合天然水质的保养。现代净化水质的方法更为先进和多样，有沉淀法、过滤法、吸附法、蒸馏法等，相关仪器和装置也多不胜数，茶人获得净水的途径更为便利。

白石养水

熊明遇《罗芥茶记》曰："雪水，五谷之精也，色不能白。养水须置石子于瓮，不惟益水，而白石清泉，会心亦不在远。"

露水净化

《涌幢小品》载："家居苦泉水难得，自以意取寻常水煮滚，入大瓷缸，置庭中避日色。俟夜天色皎洁，开缸受露，凡三夕，其清澈底。积垢二三寸，亟取出，以坛盛之，烹茶与惠泉无异。"

深埋地下

《红楼梦》中妙玉说泡茶的水："这是五年前我在玄墓蟠香寺住着，收的梅花上的雪，共得了那一鬼脸青的花瓮一瓮，总舍不得吃，埋在地下，今年夏天才开了。我只吃过一回，这是第二回了。你怎么尝不出来？隔年蠲的雨水哪有这样轻浮，如何吃得。"

○ 宋 钱选《卢仝烹茶图》

古人储水养水妙法

煮水候汤的法门

苏轼诗云："贵从活火发新泉。"宋代文学家胡仔在《苕溪渔隐丛话后集》中赞叹道："茶非活水，则不能发其鲜馥，东坡深知此理矣！"好水配好茶，这是深谙茶与水之三昧者的高论。

择水、养水之外，煮水候汤也是颇为讲究的一项工作。所谓"水老不可食"，历代茶人认为最适宜泡茶的水是刚烧开的水，不提倡反复将水烧开。现代科学也证明，水每开一次，活性降低一分，会影响茶味。

煮水要用活火，活火就是有火焰的炭火，火力稳定，宜煎茶，味美而不浊。陆羽《茶经》："其火用炭，次用劲薪。"许次纾《茶疏》："火必以坚木炭为上，然木性未尽，尚有余烟，烟气入汤，汤必无用。故先烧令红，去其烟焰，兼取性力猛炽，水乃易沸。"

现代煮水方式多元，活火已经被液化气、电陶炉、随手泡等取代，更为卫生安全。虽然古时茶和今日茶有很大区别，但经过对比，活火煮水泡出来的茶，确实更能让人感受茶韵。目前潮州工夫茶中还保留着炭火煮水的程式。

活火煮水还有一忌，烟气不能入汤。如果炭火有烟，那煮出的水不可用。酒精火也存在这个问题，煮水时多少会有酒精味飘散。

○ 炭火

○ 电陶炉

○ 随手泡

纵有名茶、甘泉，若"煮之不得其宜，虽佳弗佳也"，这就显出候火定汤的重要性了。候火定汤，是指两个方面：候火，即对煮水火力的把控；定汤，则是对泡茶用水温度的定夺。其毫厘之差，微妙所在，不可等闲视之，所以鉴品者常常喜欢亲自候火定汤。

张源《茶录》："炉火通红，茶铫始上。扇起要轻疾，待汤有声，稍稍重疾，斯文武火之候也。若过于文，则水性柔，柔则水为茶降；过于武，则火性烈，烈则茶为水制，皆不足于中和，非茶家之要旨也。"

《红楼梦》："只见妙玉让他二人在耳房内，宝钗坐在榻上，黛玉便坐在妙玉的蒲团上。妙玉自向风炉上扇滚了水，另泡了一壶茶。"亲自扇风炉煮水，可以看出妙玉非常注意对火力、沸点的掌控，是个泡茶高手。

现代茶道很少用活火，但偶尔用炭炉烧水，可为泡茶增添情趣；而且茶人学习控制炭火、沸点和泡茶，也是茶道修行中的一项挑战。

○ 天然木炭：木质原料经过不完全燃烧所生产的固体燃料，不环保且燃烧时烟雾较大，不建议在室内使用

○ 机制炭：又名人造炭，多为木材加工行业的边角料压制而成，其质地均匀，易引燃，无烟耐烧，且燃烧完全，环保，性价比也高

○ 果核炭：常见的果核炭有橄榄炭和核桃炭，优点是密度高，无烟，经久耐烧。但其产量少，价格较高，也较难引燃，经常与机制炭混合使用

泡茶水温的讲究

　　泡茶水温的高低与制茶原料的老嫩、发酵程度，茶形松紧，贮藏时间，茶具材质，气温，投茶量，浸泡时间等都有关系。原料越嫩，水温越低；发酵越轻，水温越低；茶形越松，水温越低；贮藏年份越长，水温越低；茶具越轻薄，水温越低；气温越高，水温越低；投茶量越多，水温越低；浸泡时间越长，水温越低。想泡好茶，除了需要掌握一些技巧，还应多与茶友交流，才能更好地赏玩茶的色、香、味，享受茶带来的健康和快乐。

不同茶类适宜的泡茶水温

茶类	茶水比	泡茶水温	浸泡时间	润茶要求
绿茶	1：50	80~95℃	茶汤分离：前三泡分别为30秒、45秒、60秒 杯泡：60秒	不需要
红茶	1：30	80~95℃	茶汤分离：前三泡分别为10秒、15秒、20秒 杯泡：60秒	不需要
乌龙茶（青茶）	1：20	100℃	茶汤分离：前三泡分别为5秒、10秒、15秒 不宜杯泡	不需要
黑茶	1：30	100℃	茶汤分离：前三泡分别为10秒、15秒、20秒； 不宜杯泡	老茶不需要
黄茶	1：50	80~95℃	茶汤分离：前三泡分别为30秒、45秒、60秒 杯泡：60秒	不需要
白茶	1：30	80~95℃	茶汤分离：前三泡分别为10秒、15秒、20秒 杯泡：60秒	老茶需要
花茶	1：50	80~90℃	茶汤分离：前三泡分别为15秒、20秒、30秒 杯泡：60秒	不需要

〔宋〕佚名 斗茶图（局部）斗茶，又称「茗战」。画中两人已捧茶在手，一个正在提壶倒茶。「点茶」之后色斗浮，反映了宋代斗茶之风极盛。

点茶不一○而调膏继刻○以汤注之○手重筅轻○无粟文蟹眼者○谓之静面点○盖击拂无力○茶

不发立○水乳未浃○又复增汤○色泽不尽○英华沦散○茶无立作矣○有随汤击拂○手筅俱重○立

立文泛泛○谓之一发点○盖用汤已过○指腕不圆○粥面未凝○茶力已尽○云雾虽泛○水脚易

生○妙于此者○量茶受汤○调如融胶○环注盏畔○勿使侵茶○势不欲猛○先须搅动茶膏○渐加

击拂○手轻筅重○指绕腕旋○上下透彻○如酵糵之起面○疏星皎月○灿然而生○则茶之根本立

矣○第二汤自茶面注之○周回一线○急注急止○茶面不动○击拂既力○色泽渐开○珠玑磊落

三汤多寡如前○击拂渐贵轻匀○周环旋复○表里洞彻○粟文蟹眼○泛结杂起○茶之色○十已

得其六七○四汤尚啬○筅欲转稍○宽而勿速○其清真华彩○既已焕发○云雾渐生○五汤乃可少

纵○筅欲轻匀而透达○如发立未尽○则击以作之○发立已过○则拂以敛之○然后结浚霭凝雪

茶色尽矣○六汤以观立作○乳点勃结○则以筅著居○缓绕拂动而已○七汤以分轻清重浊○相

稀稠得中○可欲则止○乳雾汹涌○溢盏而起○周回凝而不动○谓之咬盏○宜匀其轻清浮合者

饮之○桐君录曰○茗有饽○饮之宜人○虽多不为过也○

点茶[131]不一，而调膏[132]继刻。以汤注之，手重筅轻，无粟文蟹眼[133]者，谓之静面点[134]。盖击拂无力，茶不发立[135]，水乳未浃[136]，又复增汤【五〇】，色泽不尽，英华沦散，茶无立作矣。有随汤击拂，手筅俱重，立文泛泛[137]，谓之一发点[138]。盖用汤已过【五一】，指腕不圆[139]，粥面未凝，茶力已尽[140]，云雾【五二】虽泛，水脚易生[141]。妙于此者，量茶受汤，调如融胶。环注盏畔，勿使侵茶[142]。势不欲猛，先须搅动茶膏，渐加击拂。手轻筅重，指绕腕旋【五三】，上下透彻[143]，如酵蘖（niè）【五四】之起面[144]，疏星皎月[145]，灿然而生，则茶之【五五】根本立矣。第二汤自茶面注之，周回一线[146]，急注急止【五六】。茶面不动，击拂既力，色泽渐开，珠玑磊落。三汤多寡【五七】如前，击拂渐贵轻匀，周环旋复[147]【五八】，表里洞彻[148]，粟文蟹眼，泛结杂起，茶之色，十已得其六七。四汤尚啬（sè）[149]，筅欲转梢【五九】，宽而勿速，其清真【六〇】华彩，既已焕发【六一】，云雾【六二】渐生[150]。五汤乃可少纵，筅欲轻匀【六三】而透达，如发立未尽，则击以作之；发立已过【六四】，则拂以敛之，然后【六五】结浚霭凝雪[151]（jùn）【六六】，茶色【六七】尽矣。六汤以观立作[152]，乳点勃结[153]【六八】，则以筅著居[154]【六九】，缓绕拂动而已。七汤以分轻清重浊，相稀稠得中，可欲则止。乳雾汹涌，溢盏而起，周回凝【七〇】而不动，谓之咬盏[155]，宜匀其轻清浮合者饮之。《桐君录》曰："茗有饽，饮之宜人。"虽多不为过也。

---

131. 点茶：宋代饮茶方式，指茶末加入茶盏后调膏，多次注水击拂乃至呈现沫饽的过程。

132. 调膏：茶末投入茶盏后，注入少量的汤，将茶末调成均匀的膏状，使之浓稠。

133. 粟文蟹眼：点茶时茶汤表面出现的粟粒状、蟹眼状的汤花。

134. 静面点：表面平静，无明显汤花，故称"静面点"。

135. 发立：茶末和水均匀混合，汤花呈现而能保持住，称为"立"。

136. 浃：融合，浸透。

137. 立文泛泛：汤花乳沫易散。

138. 一发点：汤花刚出现就慢慢散去，无法持续，所以叫"一发点"，即汤花虽然短暂地"发"，但并没有"立"住。

139. 指腕不圆：击拂的手法不熟练，指腕旋转不灵活。

140. 茶力已尽：茶末形成汤花沫饽的能力是有限度的，因击拂方法不对而达不到理想的效果，即"茶力已尽"。

141. 云雾虽泛，水脚易生：云雾，指的是白色的如云雾般的汤花、沫饽；水脚，汤花乳沫消失后在茶盏壁上留下的水痕。

142. 勿使侵茶：不要直接注水到调好的茶膏上。

143. 手轻筅重，指绕腕旋，上下透彻：指击拂的手法。手轻，指腕轻盈放松；筅重，击拂茶汤力度大；指绕腕旋，手指由腕部带动旋转；上下透彻，从腕到指到筅到茶汤是顺畅的，力量传导没有阻碍。

144. 酵蘖之起面：酵蘖，用于发面的酒曲；起面，使面粉发酵。这里用面粉发酵来形容点茶时搅拌茶膏的感觉。

145. 疏星皎月：疏星，指第一次注水后茶汤表面零散的小气泡；皎月，初步形成的白色沫饽。

146. 周回一线：环绕着注水一圈。

147. 周环旋复：以环绕的方式旋转击打。

148. 表里洞彻：茶汤里外通达。

149. 尚啬：(比前面)少一点。啬，节省，悭吝。

150. 云雾渐生：汤面出现细密泡沫，逐渐覆盖茶汤。

151. 结浚霭凝雪：指细密的白色沫饽于表面凝结，好像聚结的云气、凝固的霜雪。

152. 立作："立"的效果展现。

153. 乳点勃结：细密的白色小泡沫于表面凸起破灭。

154. 著居：指茶筅滞留，缓慢滑动。

155. 咬盏：沫饽停留时间较长，好像"咬"住茶盏。

校勘记

【五〇】增汤：涵本作"伤汤"，亦通，但根据下文"用汤已过""量茶受汤"，则"静面点"乃汤少，故以"增汤"为是。

【五一】已过：底本、涵本等皆误作"已故"，音讹，据上下文意改。

【五二】云雾：涵本作"雾云"。

【五三】腕旋：涵本作"腕簇"，似形讹。

【五四】蘖：底本作"蘗"，形讹，据涵本改。

【五五】茶之：涵本作"茶面"，似涉下而误。

【五六】止：底本作"上"，形近而讹，据涵本改。

【五七】寡：底本作“寘”，据涵本改。

【五八】旋复：涵本脱。

【五九】梢：底本作“稍”，据涵本改。

【六〇】清真：涵本作“真精”，似误。

【六一】焕发：涵本作“焕然”，底本义胜。

【六二】云雾：涵本作“轻云”。

【六三】轻匀：涵本作“轻盈”，似误。

【六四】已过：涵本作“各过”，误。

【六五】然后：底本脱，从涵本。

【六六】结浚霭凝雪：底本作“结浚霭、结凝雪”，似衍下“结”字，今从涵本删。

【六七】茶色：涵本作“香气”。

【六八】勃结：涵本作“勃然”。

【六九】著居：涵本作“着凥”，“凥”为“居”之异体字，从底本。

【七〇】凝：底本作“旋”，据涵本改。

译文

点茶的手法和效果很不一样，紧随着调膏进行。注入沸水，如果手腕力重而茶筅力轻，茶汤表面没有形成粟粒、蟹眼状的汤花，这就叫作“静面点”。因为击拂力度不够，茶不能立即生发，水和茶膏还没有融合，又再增添沸水，茶的色泽不能完全表现出来，精华散失，汤花“立”住的效果无法呈现。

也有的一边注入沸水，一边击拂茶汤，手腕和筅的力度都重，茶汤的汤花乳沫易散，这叫作“一发点”。因为水调得太久，指腕搅动得不够圆活连贯，茶面的汤花没能像粥面那样凝聚，而茶的气力已经耗尽（未能完全形成沫饽），茶面虽然也泛起了云雾般的汤花，但汤花很快消失而留下水痕。

而深谙点茶奥妙的人，会根据茶末量来注入适量的沸水，将茶膏调得像融胶一样。沿着盏壁边缘环形注水，而不能直接注到调好的茶膏上。不要用猛力击拂，要用茶筅先搅动茶膏，再渐渐加力击拂。

手腕动作轻，筅的力度重，手指由手腕带动旋转，自上而下将茶汤搅打得顺畅透彻，就像酵母在面上慢慢发起一样。汤花像疏星皎月一样，光彩灿烂地从茶面上生发出来，这时茶面的基础就打好了。

第二次注水要从茶面上注入，环绕着注水一周，急速注水、急速停止。不着力搅动茶面，击拂力度达到了，茶色逐渐呈现，茶面上泛起错落有致的珠玑似的汤花。

第三次注水量和第二汤一样，击拂逐渐侧重于轻巧均匀，周旋回转，直到盏里的茶汤表里透彻，粟粒、蟹眼状的汤花泛起凝结，夹杂出现，这时茶的色泽已显现十之六七了。

第四次注水量要少，筅尾搅动的幅度要宽，速度要慢，这时茶的华彩已焕发出来，薄云似的沫饽渐渐从茶面生起。

第五次注水可以稍微任意一些，运筅的手法要轻盈，但力度要透达。如果茶还没有完全生发，就用力击拂使它生发出来；如果沫饽已经过多，就用筅轻轻拂动使茶面收敛凝聚。这时细密的白色沫饽于茶面凝结，如同聚结的云气和凝聚的霜雪，茶色已全部呈现。

第六次注水是要看茶的立作状态，茶面上乳点突出凝结，只要用筅缓慢地环绕茶面拂动就可以了。

第七次注水是要分辨茶的轻重清浊，观察茶汤稀稠适宜，符合喜好即止。茶面沫饽如云雾汹涌，充满茶盏，周边凝结不动，叫作"咬盏"。这时就可以品饮表面轻灵清浮的沫饽和茶汤。《桐君录》中说："茗有饽，饮之宜人"。即使多饮也没关系。

○ 宋代后期斗茶除了比较颜色之外，还要斗浮，即要求沫饽久聚不散，紧咬茶盏（咬盏）。上图即为"咬盏"的典型表现

◎ 唐 陆羽《茶经》◎

五之煮

　　凡酌，置诸碗，令沫饽均。沫饽，汤之华也。华之薄者曰沫，厚者曰饽，细轻者曰花，如枣花漂漂然于环池之上，又如回潭曲渚青萍之始生，又如晴天爽朗有浮云鳞然。其沫者，若绿钱浮于水湄，又如菊英堕于樽俎之中。饽者，以滓煮之，及沸，则重华累沫，皤皤然若积雪耳。《荈赋》所谓"焕如积雪，烨若春薮"，有之。

沫、饽、花

所谓沫饽，就是茶汤的精华。薄的叫"沫"，厚的叫"饽"，轻的叫"花"。茶饽不断累积，明亮如积雪，灿烂如春花，"饮之宜人"。

◎ 宋 蔡襄《茶录》◎

点茶

　　茶少汤多，则云脚散；汤少茶多，则粥面聚。钞茶一钱匕，先注汤调令极匀，又添注之，环回击拂。汤上盏，可四分则止，视其面色鲜白，着盏无水痕为绝佳。建安斗试以水痕先退者为负，耐久者为胜。故较胜负之说，曰相去一水两水。

宋代点茶

在宋徽宗之前，能够较为完整记录点茶之法的文献即《茶录》，宋徽宗在此基础上做了更为详尽的解析，文字描述更具感官体验和艺术性。

◎ 明 许次纾《茶疏》◎

烹点

　　先握茶手中，俟汤既入壶，随手投茶汤，以盖覆定。三呼吸时，次满倾盂内，重投壶内，用以动荡香韵，兼色不沉滞。更三呼吸顷，以定其浮薄。然后泻以供客，则乳嫩清滑，馥郁鼻端。病可令起，疲可令爽，吟坛发其逸思，谈席涤其玄襟。

明代泡茶

许次纾记录的茶壶泡法，和现今的上投法不完全相同。但是，等待"三呼吸"的时间，再分茶待客，和如今的泡茶法已经很类似了。

点茶步骤

一 炙茶

用茶夹夹住茶饼（主要是陈年茶），微火炙干，使茶饼变脆、变香，也便于碾碎。

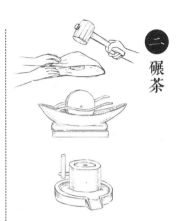

二 碾茶

先将茶饼用净纸密裹，捶碎成块，再放入碾中碾碎，碾时要快速有力，称之为"熟碾"，这样碾过的茶末洁白纯正。如果茶末还不够细，可用茶磨再加工。

三 罗茶

将茶末过筛罗，得到的茶粉就很细腻。茶末可以多筛几次，只求很细的茶末没有损耗，点汤之后茶沫才会浓稠华美。

四 候汤

用汤瓶煮水。宋代候汤主要采用"声辨"法，汤至三沸时，便可提起汤瓶，准备点茶。

五 熁盏

点茶之前先在火上烤盏，令茶盏里外温度升高，这样有助于透发茶香。

六 点茶

点茶先调膏，茶末入盏，注开水调至胶状，再注入沸水，用茶筅环回击拂。注水至第七次时，点茶完成。

末茶的宦海沉浮

　　唐宋用茶,皆为细末,煮饮之前先碾后筛,然后煮茶或点茶,即卢仝诗所谓"首阅月团"、宋范仲淹诗所谓"碾畔绿尘飞"者是也。唐代煮茶用的末茶,陆羽《茶经》中有载"末之上者,其屑如细米;末之下者,其屑如菱角""碧粉缥尘,非末也"。可以看出若颗粒如菱角就太粗,若碾得像粉尘一样又过细了。

宋代末茶制作过程还原

○1.用茶夹夹住茶饼,放在微火上炙干,烤脆

○2.用槌子将茶饼大致捶碎

○3.用碾研磨捶碎的茶叶

○4.用茶磨继续将茶叶磨细

○5.用筛罗将较细的茶末过筛,得到更细的茶粉

○6.用茶匙取茶末入盏,以铺满盏底为宜,后点茶

宋代点茶的品饮方式要求茶末细如粉尘，所以对碾末非常讲究。在工具上就可见一斑，茶饼的研磨工具可以细分为茶研、茶碾和茶磨，筛茶末的罗往往用画绢为底。蔡襄《茶录》曰："茶罗，以绝细为佳。罗底用蜀东川鹅溪画绢之密者，投汤中揉洗以幂之。"黄庭坚《双井茶送子瞻》有云："我家江南摘云腴，落硙霏霏雪不如。"苏轼诗《九日寻臻阇梨遂泛小舟至惠勤师院二首》有云："试碾露芽烹白雪，休拈霜蕊嚼黄金。"都可见茶末之美。

古代末茶的发展经历两个阶段，由蒸青饼茶向蒸青散茶转变。元代王桢《农书》对蒸青散茶的制作工序有所记载："采讫，以甑微蒸，生熟得所。蒸已，用筐箔薄摊，乘湿略揉之，入焙，匀布，火焙令干，勿使焦。"明代"废团改散"后，散叶茶兴起，末茶渐渐式微。

与此相反，日本僧人荣西禅师在南宋绍熙二年（1191年）将末茶工艺从中国带至日本，被继承延续并发扬光大。日本最初是以嫩叶为原料，制成蒸青片茶的形态，称为"碾茶"，使用者购买碾茶后进行手工研磨呈粉末状，再进行冲泡。直到明治时代末期至昭和初期，出现机械工艺后，抹茶直接以粉末的形态成为流通商品。当今市场上销售的抹茶是在古代末茶的基础上，采用新设备、新工艺加工而成的天然蒸青绿茶超细微粉体。

现代抹茶具有以下特点：①超细微，抹茶粒径中值为3~10微米；②原色、原味、原质；③清香、清口、略带青（草）气；④蛋白质、氨基酸和叶绿素含量较高，而茶多酚、咖啡因含量较低；⑤兼具吸湿性和吸味性；⑥属有机绿色食品，符合环保潮流。

当代末茶的复兴，是一个探索的过程。无论是古人留下的宝贵经验和资料，还是先进技术开发出的新抹茶，对于茶文化的传承和发展都有促进作用。

○ 现代抹茶生产的关键有两点。第一，茶园必须有能够种植抹茶独特品种的条件，还要进行覆盖遮阴（如左图浙江绍兴御茶村的抹茶园）；第二，茶叶加工一定要用水蒸气（或热风）杀青、干燥

精彩的宋代点茶技艺

七汤点茶法是《大观茶论》中最精彩的部分，从注水的手法到茶筅击拂的方向及轻重，对宋代点茶技巧描述得非常详细。中国饮茶方式经历了吃茶、煎茶，到了宋代中期，七汤点茶法的盛行把中国茶文化推向了又一个高峰。

具体来说，七汤点茶法是根据研磨茶粉的细度及茶粉内含物质在沸水中浸出的速度，分次注水，通过击拂工具采用不同的击拂手法，使盏中茶汤呈现变化过程中的七个阶段，展示其阶段性特征的一种方法。

七汤点茶法的工具主要有汤瓶、茶筅或茶匙、茶粉盒、建盏、盏托等。基本动作主要分为击拂和注汤。

○ 仿宋代点茶工具

击拂动作

1. 单手手指持筅，指不露缝。

2. 轻甩手腕，腕动臂不动，作"W"或"M"形往复击拂，切勿让茶汤在盏中像呈圆周运动一样打转。

3. 单手托盏或扶盏，不停变换盏姿，配合击拂与注汤。

4. 分上、中、下三层击拂，根据盏中汤花的变化调整手法的轻重缓急，让汤面产生汤纹水脉，自然形成各种变幻的图案。

击拂的要诀是"手轻筅重"，即手腕动作轻，筅的力度重，手指和手腕圆周旋转，并不是看上去手腕用力，而是手腕放松，把力量都给予茶筅，用于击拂。

○ "击"是向内打，"拂"是打出去，"击拂"就是来回击打

注汤动作

由于手法不一，盏中产生沫饽的汤纹水脉也不一。特别是从第四汤起，"水乳交融"使汤纹水脉更加变幻无常。在这一过程中，注汤动作尤为重要。七汤点茶法的注汤手法分为：环注法、半环注法、点注法、飘注法、推注法、抖注法、滴注法和淋注法等。

○ 在点茶过程中，需要随时根据盏面的变化，调整注汤手法，以达到满意的视觉效果（注汤时不击拂）

宋代斗茶的两个阶段，从斗香斗味到斗色斗浮

斗茶，又称"茗战"，是茶叶品质和冲点技艺的比试较量，是宋代文人士大夫阶层相当风雅的一项文化娱乐活动。上至王公贵族，下至布衣百姓，皆将"斗茶"作为一项日常活动，并以此为乐。宋人也非常看重胜负，范仲淹在《和章岷从事斗茶歌》中形容："胜若登仙不可攀，输同降将无穷耻"。

斗茶是重在观赏的综合性技艺，包括鉴茶辨质、细碾精罗、候汤、熁盏、调膏、点茶击拂等环节，每个步骤都需精究熟谙。其中最关键的工序为点茶与击拂，最精彩的部分集中于汤花的显现。

衡量斗茶胜负的标准，一是看茶面汤花的色泽和均匀程度，汤花色泽鲜白、茶面沫饽如乳粥琼糜为佳；二是看盏的内沿与汤花相接处是否有水痕出现，汤花保持时间较长，紧贴盏沿不散退的为胜，而汤花散退较快，先出现水痕的为负。

○ 宋代前期斗茶，以沫饽青翠为佳

○ 宋代后期斗茶，以汤花鲜白为佳

宋代斗茶可以分为两个阶段，前期注重斗香斗味，后期注重斗色斗浮。

前期斗茶，较量的是茶味和茶香，斗试的末茶尚绿色，击拂出的沫饽以青翠为佳，使用的茶盏以越窑青瓷瓯或青白瓷盏称最。《和章岷从事斗茶歌》有云："黄金碾畔绿尘飞，碧玉瓯中翠涛起。斗茶味兮轻醍醐，斗茶香兮薄兰芷。"丁谓《北苑焙新茶》有云："头进英华尽，初烹气味醇。细香胜却麝，浅色过于筠。"前期末茶是自然的青绿色，所以打出的沫饽也似"绿乳"，受到诸多文人吟赞。

后期斗茶，重在斗色斗浮，以蔡襄的《茶录》为标志。斗色，《茶录》载"茶色贵白"，对茶之白的追逐在宋朝后期成为时尚。但白茶资源有限，龙园胜雪造价惊人，仅能供皇家把玩。即使是朝廷重臣，得皇上赏赐小龙团茶，也舍不得拿出来点试茗战，民间斗茶还是以常品为主。

后期斗茶，除了"白"，还要"浮"，要求盏中沫饽丰满且着盏长久，消退缓慢。"斗浮"的判别标准在于沫饽消退后出现的水痕，先出现水痕者为负。若是击拂得好，汤花匀细，有如"冷粥面"，就可以紧咬茶盏，久聚不散。这种最佳效果，名曰"咬盏"。

茶色贵白，需要黑盏来衬；沫饽咬盏的时间要长，对盏的保温性要求就高；黑盏看色尤宜，易于辨别水痕。可以说，在斗茶茗战中，黑釉盏应运而生，成为茶人新宠，最终被推上了"宋代第一茶器"的位置。

流行了一朝的宋代斗茶，使宋代茶文化迈上一个新台阶。茶文化从诗文发展到了茶画，诞生了诸如《撵茶图》《斗茶图》《茗园赌市图》等著名茶画，为中国茶文化添上了浓墨重彩的一笔。宋代茶文化是一宗宝贵的文化遗产，值得研究与探讨。

○ 元代钱远《品茶图》局部

茶百戏的前世今生

茶百戏，又称水丹青、汤戏、茶戏，是使茶汤汤纹水脉形成图案的一门技艺。在宋代，随着点茶法的发展成熟，茶百戏又有一个专门的称谓——分茶。

茶百戏始于唐代，流行于两宋。分茶在宋代得到较大发展，主要得益于朝廷及大批文人、僧人和艺人的推崇。分茶成为当时的一种时尚文娱活动，并广泛运用于各种茶会和斗茶活动。

作为一门茶事游艺，分茶屡屡出现在宋代诗文之中。杨万里《澹庵坐上观显上人分茶》中云："分茶何似煎茶好，煎茶不似分茶巧"。陆游《临安春雨初霁》写有："矮纸斜行闲作草，晴窗细乳戏分茶"。李清照《转调满庭芳·芳草池塘》中记述："生香熏袖""活火分茶"等。

茶百戏的精彩之处在于注汤幻茶，即馔茶而幻出物象于汤面。从沫至饽，从饽至花，是动态变化的过程，是茶汤从水到乳的乳化过程。在这一过程中会出现水乳交融的奇观，产生汤纹水脉的汤花变化现象。沫饽是茶汤的精华，薄的叫"沫"，厚的叫"饽"，细轻的叫"花"。

历史上汤花变幻的茶百戏，没有图案、专著留存。参考古籍记载，用现代的茶品和物理方法复原出的变幻现象，称为"现代茶百戏"。

茶百戏的演变，按照时间顺序，可分为以下四种。

○ 用茶针在茶汤丰富的沫饽上表现字画，自然又灵动。茶百戏图案的形成与点茶时茶汤沫饽的厚度有密切的关系

煮茶法茶百戏

按《茶经》记录，用竹笺在二沸以后的茶汤中击拂，产生沫饽以至雪花状。酌茶时带水、带乳、带花，使水乳滚动，产生视觉效果。

点茶法茶百戏

采用静面点、动面点等方法，直接投茶粉于盏，注汤击拂，在动态中完成茶百戏操作。有可逆性，可反复演示。

淪泡法茶百戏

脱胎于煮茶法，将茶叶的水溶性内含物质用沸水泡出，茶水分离后装入另一容器，加外力干预，使其产生大量沫饽，并产生汤纹水脉的变化。淪泡法茶百戏主要用于茶酒调饮和茶饮调饮。

清汤法茶百戏

发源于潮汕地区，潮汕泡法不用公道杯，全凭手中技法进行分茶，这造成前后茶汤的浓度不等。当最后一滴高浓度茶汤甩入茶盏，会出现汤纹水脉如金属碎片四散开来的现象。

随着审美取向的不断更替，人们渐渐不满足汤纹水脉的简单变化，于是采用一定工具和技法，在汤花上写字作画的创新茶百戏出现了。这也是"点茶"非遗保护研究项目的传承和发展。

○ 现代茶百戏

隋唐以前：吃茶

大约在氏族社会时期，人们对茶叶的关注就产生了原始的自然饮茶方式。这种饮茶方式准确地说其实是"吃"。人们把采下的鲜茶叶直接咀嚼来吃，觉得异常苦涩，于是就把鲜茶叶当成菜，加上简单的调料拌和，以便调和茶的苦涩。所以，如今人们也把喝茶说成"吃茶"。

到了秦汉时期，人们开始对鲜茶叶进行加工，尝试较为复杂的饮茶方式。三国时期魏国张揖在《广雅》中说，荆巴一带，采茶叶制成饼状，有的还要抹上米膏有助定型；饮用时，要先烘烤茶叶，直到颜色变成赤色，然后捣成碎末，冲入沸水，并且放入葱、姜和橘皮来调味。人们这时已经不再直接食用鲜叶，而是先烘烤再粉碎，最后调味，这些都有效减少了鲜茶叶的青草气和苦涩味。当然，这个时候的吃茶，仍然类似于喝"菜粥"。

唐代：煮茶

陆羽在《茶经》中描述了唐代主流的一种喝茶方式，是把葱、姜、枣、橘皮、薄荷等与茶一起充分煮沸，或把茶汤扬起使之变得柔滑，或把茶汤的沫去掉。但他认为这样如同饮沟渠水。

陆羽主张的"清饮"法，仍是煮茶，且有几个关键：一是采制，二是鉴别，三是器具，四是用火，五是选水，六是炙烤，七是碾末，八是烹煮，九是品饮。阴天采摘、夜间焙制，是采制不正确；仅凭嚼茶尝味、鼻闻辨香，不算鉴别；使用带膻气的风炉和腥味的碗，是选器不当；用有油烟的柴和烤过肉的炭，是用火不当；用急流和死水，是用水不当；把饼烤得外熟里生，是烤茶不当；把茶叶碾成青绿色的粉末，是碾茶不当；操作不熟练、搅动过快，不算会煮茶；夏天喝茶而冬天不喝，是不懂得饮茶。

陆羽还描写了"清饮"的操作：茶汤中鲜香味浓的是一锅煮出的头三碗，其次最多算到第五碗。这也许是如今饮茶，尤其是饮绿茶时，认为头三道是最好的理论来源。

宋代：点茶

宋代变煮茶为点茶，这是饮茶的一大进步——不再把茶和水同煮，而是使用沸水冲点茶粉。宋徽宗赵佶在《大观茶论》中提及点茶有三种方法：一是静面点——取茶末放在碗中，将沸水轻轻沿碗边环绕注入，再用茶筅轻轻搅动融合，没有产生明显汤花；二是一发点——取茶末放在碗中，将沸水冲入，击拂用力过重，汤花乳沫易散；三是融胶法——先将碗中的茶末调成糊状，然后将沸水环绕冲入，再用茶筅搅拌均匀。第三种方法是宋徽宗最推崇的。

这些点茶方法被当时日本的僧人带回日本，发展成了今日的日本茶道之法。日本"抹茶"的源头为中国宋朝的"末茶"。

元明至今：泡茶

到了元明时期，中国人的饮茶方式又出现了一大变革——从粉碎茶叶变成全叶冲泡。这和明朝开国皇帝朱元璋"废团改散"的制茶方式政策改革有直接的联系。朱元璋认为宋朝的团茶、饼茶制作起来耗费人力，而且也浪费茶叶，于是废止团茶，鼓励散茶。也正因如此，饮茶之风逐渐从皇室与文人圈子蔓延至市井街巷。自明朝至今，人们的饮茶方式基本延续了泡茶法，人们也完善了六大茶类，使茶成为中国人生活中不可缺少的一部分，并且做到了雅俗共赏。茶叶的利用方式也更加丰富多彩，如茶饮料、茶多酚保健品、茶油、茶点心、茶面膜等，满足了人们多方面的需求。

○ 清代姚文翰仿《茗园赌市图》中描绘的斗茶会上的情景

［明］文徵明 品茶图（局部） 画中主客二人在屋内享受对啜、品茶之乐，而茶僮在备水间忙着煎水。明代一改以往的饮茶方式，由繁入简，用沸水泡散茶喝。

夫茶以味为上○香甘重滑为味之全○惟北苑壑源之品兼之○其味醇而乏风骨者○蒸压太过也○茶枪○乃条之始萌者○本性酸○枪过长○则初甘重而终微涩○茶旗○乃叶之方敷者○叶味苦○旗过老○则初虽留舌而饮彻反甘矣○此则芽铸有之○若夫卓绝之品○真香灵味○自然不同○

夫茶以味为上，香甘【七一】重滑¹⁵⁶为味之全，惟北苑、壑源^{hè}【七二】之品兼之¹⁵⁷。其味醇而乏风骨¹⁵⁸【七三】者，蒸压太过也。茶枪，乃条之始萌者，本性【七四】酸；枪过长，则初甘重而终微涩。茶旗，乃叶之方敷者，叶味苦；旗过老，则初虽留舌而饮彻反甘矣。此则芽铐^{kuǎ}¹⁵⁹【七五】有之。若夫卓绝之品，真香灵味，自然不同。

---

156. 香甘重滑：对茶味评价的四个方面。香，气味清香；甘，滋味甘醇美好；重，口感饱满厚重；滑，茶汤黏稠顺滑。

157. 兼之：同时具备（这四种）。

158. 风骨：茶汤的内在结构。只有内在结构坚实，茶汤才会有更立体、层次更丰富的表现。

159. 芽铐：芽茶制成的茶饼。铐，制茶的模具，这里指茶的一种形制。

校勘记

【七一】香甘：涵本作"甘香"。

【七二】壑源：涵本作"婺源"，误。

【七三】风骨：涵本作"风膏"，似误。

【七四】本性：底本作"木性"，据涵本改。

【七五】铐：底本、涵本等均作"胯"，误。

译文

茶以滋味最为重要，同时具备"香、甘、重、滑"才是完美的茶味，只有北苑、壑源的茶叶才兼具这些滋味特点。如果茶的味道醇厚而茶劲不足，原因是蒸芽、压黄得太过了。茶枪是茶树初萌未展的嫩芽，本性酸；茶枪过长，其滋味虽然一开始是甘甜醇厚的，可最后微有苦涩。茶旗则是刚刚展开的嫩叶，叶的味道苦；茶旗长得太老，一开始在舌上留有苦味，可喝到最后反而有回甘。这些特点是"芽铐"这类茶都会有的。至于茶中的极品，香至纯真，味道绝妙，自然非同一般。

○ 唐 陆羽《茶经》○

五之煮

其味甘，槚也；不甘而苦，荈也；啜苦咽甘，茶也。

"茶"的不同说法

陆羽认为入口有苦味，咽下去回甘的才能称之为"茶"。"茶"这个字，在陆羽之后广为流传，"茶""槚""荈"等字渐渐弃用，但"茗"字保留了下来，仍指茶。

○ 宋 蔡襄《茶录》○

味

茶味主于甘滑。惟北苑凤凰山连属诸焙所产者味佳。隔溪诸山，虽及时加意制作，色味皆重，莫能及也。又有水泉不甘，能损茶味，前世之论水品者以此。

茶味主于甘滑

蔡襄认为茶味以甘甜爽口为最好，并且只有北苑凤凰山生产焙制的茶味道最好。同时烹茶的泉水也很重要，如果不轻冽甘甜，也会损害茶的味道。

○ 明 许次纾《茶疏》○

饮啜

一壶之茶，只堪再巡。初巡鲜美，再则甘醇，三巡意欲尽矣。余尝与冯开之戏论茶候，以初巡为婷婷袅袅十三余，再巡为碧玉破瓜年，三巡以来绿叶成阴矣。

茶味"三巡"

许次纾对茶味做了非常形象的比喻：第一泡的茶像是十三岁的少女，指茶味美好；第二泡仿佛十六岁的少妇，指茶味甘醇；到了第三泡，像是生了子女的妇人了，代指茶味将尽，不宜再饮。

口腔的狂欢

茶的滋味五味皆蕴，人们可以用味觉来感知茶味。自陆羽所在的唐代开始，茶脱离药的范畴转而为饮品，茶味成了新的追求。

茶味是茶叶品质最直观的体现，宋徽宗提倡的"香甘重滑"，至今仍可作为评判茶味优劣的标准。茶味可以细分为口感和滋味，口感偏重于触觉，滋味偏重于味觉。品鉴茶叶滋味得出的结论因人而异，但核心的维度是茶界公认的。从口感方面，可以通过以下几个维度来评判。

滑

茶汤入口后，口腔感受柔顺细腻，具体表现为柔软而有力，没有卡涩感。茶汤越细腻，茶叶内含物质溶于水越多。滑是茶汤质感优异的表现。氨基酸的鲜可平衡涩感，茶的氨酚比越高，茶就越滑。

涩

涩味是指茶汤中所含物质对口腔产生的带收敛性的刺激感受。产生涩感的物质主要是儿茶素。

厚

厚是指滋味丰富。多种不同的味道和谐配合在一起，给人饱满厚实的感觉。往往茶汤内含物质越丰富，饱满度越高。水溶性果胶和糖苷可使茶汤产生厚、醇的口感。厚与薄是相对的。

活

茶汤滋味饱满且富于变化，品完有余韵，有持续的回甘和生津。

醇

醇是一种汤感，适中而刺激性不强。品质优良的茶，经恰当的工艺或后期的转化，内容物质不断融合而使茶汤变得醇和。

黏稠度

指茶汤浓厚而带黏性。黏稠度来源于果胶，黏稠度高的茶汤有类似米汤一样的浓稠感。

喉韵

茶汤带给喉咙的感受，是一种愉悦感。通常感受到的有喉部回甘、返香、清凉、清润等正面愉悦的感受。

茶味的本相

茶叶鲜叶由约75%的水分和约25%的干物质组成，干物质中包含了各类化合物，大致可分为茶多酚、生物碱、氨基酸、碳水化合物、矿物质、维生素、色素等。这些水溶性化合物对茶叶的色、香、味起着决定性的作用。从微观上来看，茶叶滋味即人的味觉器官对茶叶中呈味物质的综合反应。因此各种呈味成分含量多少、彼此之间比例的改变都会影响茶汤滋味。

茶的主要成分对滋味的影响

滋味	所含物质	具体表现
涩味	酚类物质及其氧化物	茶汤中的酚类物质包括儿茶素类、花色苷类、黄酮类等。儿茶素类是涩味的来源，收敛性强。一些茶汤入口呈现涩味，主要是因为酯型儿茶素与口腔黏膜蛋白质反应，形成不透水物质，引起收敛感
苦味	嘌呤类物质	嘌呤类物质中的咖啡因是苦味的主要呈味物质。由于其遇热易挥发，因此在茶叶的多次冲泡过程中，含量呈明显下降趋势，所以苦味越泡越淡。另外，花青素也是苦味的来源成分
鲜味	氨基酸	鲜味在绿茶类中表现较为明显，甘和鲜爽的口感都与茶叶中的氨基酸有关。但并非所有氨基酸都呈鲜味，茶汤的鲜味主要是各种游离的氨基酸与儿茶素、咖啡因等，经过不同的配比和综合作用形成的复合味道
甜味	糖类及其他物质	茶汤中呈现的甜味，主要成分是单糖、双糖等可溶性糖。茶汤糖类的含量并不高，但因为人类味觉器官对甜味、苦味的感受阈值及感受位置相差较大，茶汤中少量的糖在人们感受到轻微苦味之后反而呈现出较强的感受，"啜苦咽甘""回甘"等表达的就是这个原理
酸味	有机酸	茶叶中含有多种有机酸，如草酸、苹果酸、枸橼酸等。有机酸也是茶汤酸味的主要来源。著名的"武夷酸"就是没食子酸、草酸、单宁和槲皮素等成分的混合物
香味	芳香物质	成品茶叶中已经被确认的香气成分多达100多种。酚酸和缩酚酸是芳香族化合物，是主导茶叶香气的物质，易溶于水，也是"香入水"的主要化合物之一。所谓"香入水"，即在品茶时，通过口腔感觉到的香气

经过近千年的发展，现代评茶，对滋味的鉴辨，从最初的"重、甘、厚、滑"，细化为几十条术语，具体如下。

浓烈：味浓不苦，收敛性强，回味甘爽。

鲜爽：鲜洁爽口，有活力。

浓厚：味浓而不涩，纯而不淡，浓醇适口，回味清甘。

浓强：味浓，具有鲜爽感和收敛性。

鲜浓：味浓而鲜爽，含香有活力。

浓醇：味浓，回味略甜，无刺激性。

甜爽：滋味清爽，带有甜味。

醇爽：滋味醇和鲜爽。

鲜醇：滋味鲜爽欠浓，刺激性不强。

回甘：茶汤入口后回味有甜感。

醇厚：茶汤鲜醇可口，回味略甜，有刺激性。

醇正：清爽带甜，刺激性不强。

醇和：滋味欠浓，鲜味不足，无粗杂味。

淡薄：味淡而正常。

平和：味正常，有一定浓度，缺乏鲜味。

粗淡：味粗而淡薄。

粗涩：原料粗老而涩口。

生涩：有涩味且带有生青味。

苦：茶汤入口，舌根感到类似奎宁的一种不适味道。

苦涩：涩中带苦。

涩口：茶汤入口有麻舌之感。

熟味：熟闷，有一种软弱不快的滋味。

足火味：有糖香的甜味。

老火味：温度高引起的火味。

生青：干茶叶具有青草气。

粗青：粗老而生涩。

浓涩：味浓而涩口。

焦味：茶叶高温灼烧后形成的焦气。

陈味：茶叶贮藏久而产生的陈变气味。

异味：非茶叶的气味，是污染茶叶的各种异味。

日晒味：日晒茶具有的一种类似笋干的气味。

锁喉：茶汤入口，咽喉有过于干燥、吞咽困难、紧缩发痒、
　　　疼痛等不适感。

［明］文徵明 惠山茶会图（局部） 惠山泉自被陆羽评为「天下第二泉」后，声名不绝。作者常偕友人于此赏泉烹茶、作诗绘画。该画就是这次茶会的纪实之作。

茶有真香◦非龙麝可拟◦要须蒸及熟而压之◦及干而研◦研细而造◦则和美具足◦入盏则馨

香四达◦秋爽洒然◦或蒸气如桃仁夹杂◦则其气酸烈而恶◦

茶有真香，非龙麝¹⁶⁰可拟。要须蒸及熟【七六】而压之，及干而研，研细而造，则和【七七】美具足。入盏则馨香四达，秋爽洒然¹⁶¹。或蒸气如桃仁【七八】夹杂¹⁶²，则其气酸烈而恶。

---

160. 龙麝：龙脑、麝香。古代著名香料，这里泛指香料。

161. 馨香四达，秋爽洒然：馨香之气向四处扩散，如同秋日的清爽之气令人畅快。

162. 或蒸气如桃仁夹杂：茶蒸不熟时会夹杂有桃仁一类的草木异味。

校勘记

【七六】熟：涵本误作"热"，形讹。

【七七】和：涵本作"知"，形讹。

【七八】桃仁：底本作"桃人"，音讹，据涵本改。

译文

　　茶有本真而自然的香气，不是龙脑、麝香这类的名贵香料可以媲美的。（想要得此真香），必须把茶芽蒸到正好熟的时候进行压黄，汁水压榨干后再细细地研磨，研细之后才可制成茶饼，这样制作出的茶就具备了和美的气韵。入盏点茶时即清香四溢，犹如秋日的凉爽之气一般清爽怡人。如果蒸茶时散发的气味中夹杂有桃仁之类的异味，那茶的味道就酸烈难闻了。

○ 唐 陆羽《茶经》○

五之煮

　　其馨欤也。（欤，香气至美的意思）

○ 宋 蔡襄《茶录》○

香

　　茶有真香，而入贡者微以龙脑和膏，欲助其香。建安民间皆不入香，恐夺其真。若烹点之际，又杂珍果香草，其夺益甚，正当不用。

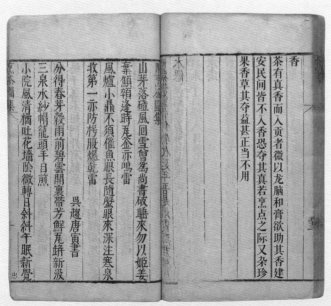

○ 宋代蔡襄的《茶录》中记载了贡茶用龙脑等香料提升茶香的情况。作者认为此种做法"正当不用"，这与宋徽宗的思想一致，茶的真香应凭采制之功，方能和美具足

香气的奥秘

一杯茶，人们在品饮之初，最先感受到的总是茶香。从干茶香、温杯唤醒的热香，到带汤香、品饮后的杯底温香，直至冷香，茶香是人们对茶产生兴趣和依赖的重要因素。

茶香得益于茶叶中可挥发的芳香物质，虽然含量不多，但种类极其复杂。这些特有成分以及它们不同的组成比例形成了各类茶的独特风味。茶叶香气形成受环境、季节、品种、栽培条件、加工方法等的影响。要体验不同种类的茶香，主要靠反复对比。

按形成因素分类的茶香

香气种类	具体表现
地域香	地域香主要来自茶树的生态环境，也称山场味、风土香。茶树种植的海拔高度，导致香气特点差异明显。许多名优茶均出自高海拔，如黄山毛峰、庐山云雾、武夷岩茶等。其次，季节的影响很明显，如春茶、夏茶、秋茶香气各不相同。再者，栽培管理措施，如施肥与否，施的是有机肥还是化肥，还有施肥的数量等都会直接影响茶香
品种香	品种香来源于茶树品种，是茶种本身的特殊香气，不因制茶工艺改变而改变。品种香是独特的，是区别于其他品种的特质。鲜叶中的氨基酸含量及酶学特性、芳香族物质等化学特性，在茶树品种间有所不同，故适制性也不同，使得制作的茶叶在香气方面具有一定差异性。适制性的典型例子，如鸠坑宜制绿茶，大红袍、铁观音等品种宜制乌龙茶。在香气的表现上，水仙品种具有兰花香粽叶味，肉桂品种有果香桂皮味等
工艺香	工艺香是通过不同的加工工艺使得茶树鲜叶中的香气成分发生不同程度的改变、反应、结合等，从而形成某种茶类的特征性香气。工艺香是有共性的、从外而内的，受制茶工艺影响，跟茶树本身的地域、品种关系不大。绿茶在制作过程中，鲜叶中大量的青草物质挥发，部分转化为沸点低的清香型物质，经过高温干燥，形成烘烤香和板栗香。红茶则体现在萎凋和发酵，鲜叶中的芳香物质经酶促氧化作用和异构化作用，大量转化或挥发，经干燥后生成部分高沸点花香和果香型芳香物质，使香气呈甜香型。而白茶因其不炒不揉，重点是把控萎凋，最大限度地保留了茶叶的原生态，毫香鲜甜、清幽、醇爽。工艺香的特征是开始很香，越泡越不香

闻香识茶的要诀

　　茶叶香气成分复杂，人的感官认识也不尽相同，要想把茶喝懂，就要学会正确地闻香，并用专业术语描述不同茶的香气。审评香气除了辨别香型外，还要比较香气的纯异、高低和长短。香气纯异指的是香气与茶叶应有的香气是否一致，是否夹杂其他异味；香气高低可用浓、鲜、清、纯、平、粗来区分；香气长短即香气的持久性，香高持久是好茶。闻香的方式有以下四种。其中热嗅辨纯异，温嗅辨香型，冷嗅辨持久性。

干嗅（干茶香）

闻干茶

　　细闻干茶的香气，辨别有无陈味、霉味或吸附了其他异味。

热嗅（汤中香）

闻茶汤

　　开泡后趁热闻茶的香气，品质优良的茶叶泡出的茶香气纯正，若香气单薄、没有香气或有异味，则品质不佳。

温嗅（叶底香）

闻叶底

　　待叶底温度降至略温热，可温嗅（注意不是带汤闻）。温嗅主要分辨茶香的类型、判断茶香的浓淡。此时茶香最令人愉悦。

冷嗅（杯底香）

闻茶盖

　　待温度降低后闻茶盖或杯底的留香。高温时芳香物质大量释放掩盖的其他气味，在此时可以闻到，即所谓的"冷香是真香"。

清香：清新的香气，淡雅而不扑鼻。

毫香："嫩香"，是一种柔和与活泼的清香，常见于多毫芽的茶。

花香：馥郁饱满，轻柔悠长，有兰花香、玫瑰香、栀子香等，带有自然的清新气息，嗅来令人愉悦。

果香：类似某种鲜果香，如苹果、柠檬、蜜桃等。

梅子香：嗅来有清凉之感，又略微带酸，恰同青梅气息，是非常好的经典香型。

蜜香：香气如蜜，甜美芬芳，香韵持久耐品。

干果香：类似某种干果香，如桂圆、苦杏仁、松仁、槟榔等，往往见于存放年份久、陈化度较高的茶。

糖香：冰糖香，常见于普洱茶，往往伴随着强劲的回甘与凉爽的喉感；焦糖香，香气如烤面包、饼干等烘烤食品的甜香，巧克力香亦属此类。

药香：陈放很久的草木之气，类似中药气息，如身处药铺。常见于南方地区陈化的茶叶。

陈香：类似于老木家具散发出来的深沉香气，但更具活力。常见于普洱熟茶，以及通过长期存放转化程度非常高的生茶。

木香：低沉温和的木质香气，多出现在原料粗老的陈化过的黑茶中。

菌香：菌香来自黑茶发酵过程中生长出的益生菌"冠突散囊菌"，香气独特，类似菌菇气息。

烘炒香：烘炒香是通过热化学作用形成的气味，如板栗香和豆香，多见于绿茶。

霉味： 因茶叶发霉而产生的不良气味，嗅来刺鼻，令人不悦。

烟熏味： 在加工或贮藏中受浸染而成，存放也很难使烟味消散（传统工艺正山小种除外）。

烟焦味： 杀青温度过高，部分叶片被烧灼产生的不良气味，往往在加工粗糙的茶中出现。

酸菜气： 类似酸菜的酸气，杀青后将茶堆起捂得过度会产生这种气味，多见于新制的生茶。

堆味： 混合酸、馊、霉、腥等不良感觉的发酵气味，在新制熟茶中较多存在。若工艺合格，气味通过合理仓储可以被分解转化；若发酵不足或过度，这种气味则无法消散。

水焖气： 如同炒青菜时用锅盖焖过产生的类似气味，常见于用雨水青或揉捻叶焖堆而不及时干燥的茶。

生青气： 似青草的气味，常见于杀青不足的茶。

粗青气： 似青草的气味，常见于原料粗老的茶。

馥郁: 香气鲜浓而持久,具有特殊花果的香味。

高爽持久: 茶香持久,浓而高爽,具有强烈的刺激性。

鲜嫩: 具有新鲜悦鼻的嫩香气。

清高: 清香高爽,柔和持久。

清香: 清纯柔和,香气欠高,但很幽雅。

花香: 香气鲜锐,似鲜花香气。

栗香: 似熟栗子香味,强烈持久。

高香: 香高而持久,刺激性强。

持久: 茶香持续时间长,直至冷却尚有余香。

鲜灵: 茶香显鲜而高锐。

浓: 香气饱满,无鲜爽的特点。

纯: 茶叶香气正常。

幽香: 茶香幽雅而文气,缓慢而持久。

香浮: 花香浮于表面,一嗅即逝。

透兰: 茉莉花茶的香气透露玉兰花香。

透素: 花香淡薄,闻到茶香。

毫香: 毫香显露而细腻。

嫩香: 嫩芽的香气。

音韵: 某些乌龙茶品种茶叶香气的品质特征。

浓郁: 香气浓而持久,具有特殊花果香。

浓烈: 香气高长愉快,无明显花香。

甜香: 香气高而具有甜感,似足火甜香。

不持久: 热嗅香高,冷后余香不足。

高火: 茶叶加温过程中高温时间长,干度十足所产生的火香。

老火: 干度十足,有严重的老火气。

焦气: 干度十足,带有轻微的焦气。

大观茶论 寻茶问道

陈气：茶叶贮藏过久产生的陈变气味。

纯正：香气纯净而不高不低，无异杂气。

纯和：稍低于"纯正"。

平和：香气平淡稀薄，但无粗杂气。

低：香气低，但无粗气。

异气：感染了与茶叶无关的各种气味。

酸馊气：茶叶腐败变质的气味。

霉气：茶叶因贮存不当产生发霉变质的气味。

烟焦气：茶叶在加温过程中，感染了焦气和烟气。

陈香：茶叶久贮，香气陈纯，无霉气。

松烟香：茶叶吸收松柴熏焙的气息，为黑毛茶和烟小种的传统香气。

钝浊：香气有一定浓度，但钝而不爽。

闷气：一种不愉快的熟闷气。

粗气：香气低，有粗老气味。

青气：带有鲜叶的青草气。

日晒气：日晒茶具有的一种类似老笋干的气味。

［明］钱谷 竹亭对棋图 画中丛林之旁的凉亭内，有两人对坐而弈，另两人烹茶侍奉。四周景色秀朗悦人，颇有闲情雅致。

十七

色

点茶之色○以纯白为上真○青白为次○灰白次之○黄白又次之○天时得于上○人力尽于下○

茶必纯白○天时暴暄○芽萌狂长○采造留积○虽白而黄矣○青白者○蒸压微生○灰白者○蒸

压过熟○压膏不尽则色青暗○焙火太烈则色昏赤○

点茶之色，以纯白为上真，青白为次，灰白次之，黄白又次之。天时得于上，人力尽于下，茶必纯白。天时暴暄[163]，芽萌狂长，采造留积，虽白而黄矣。青白者，蒸压微生；灰白者，蒸压过熟。压膏不尽则色青暗，焙火太烈则色昏赤【七九】。

---

163. 暴暄：快速转暖。

【译文】

点茶时，茶汤的颜色以纯白色为上等，青白色的次一等，灰白色的更次，黄白色的又在此之下了。采茶、制茶，上得天时，下尽人力，茶色必然是纯白色的。如果天气快速炎热，茶芽肆意疯长，采、制不能及时完成，原本纯白的茶色也会变黄。茶色显青白，是因为蒸芽、压黄不够充分；茶色灰白，是因为蒸芽、压黄过度。如果茶汁压榨得不够干净，那茶色就偏青暗；如果焙火太旺，那茶色就会昏暗发红。

等级	茶色的优势	原因
上等	纯白	上得天时，下尽人力
次一等	青白	蒸芽、压黄不充分
更次	灰白	蒸芽、压黄过度
最次	黄白	茶芽疯长，采制不及时

历代茶书

○ 唐 陆羽《茶经》○

五之煮

　　其色缃也。（缃，指茶汤浅黄色）

○ 宋 蔡襄《茶录》○

色

　　茶色贵白。而饼茶多以珍膏油其面，故有青黄紫黑之异。善别茶者，正如相工之视人气色也，隐然察之于内。以肉理润者为上。既已末之，黄白者受水昏重，青白者受水鲜明，故建安人开试，以青白胜黄白。

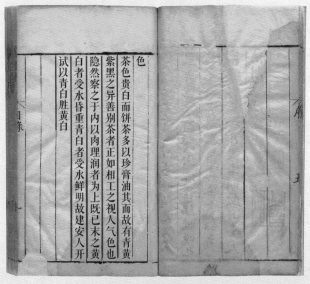

○ 蔡襄在《茶录》中指出茶汤色"青白胜黄白"，而宋徽宗则对茶汤的颜色分得更细，从纯白到黄白共四种，最为推崇的是纯白色

碗中千色辨真知

茶汤汤色是茶叶品质的又一个体现，蕴含着很多信息。汤色能反映茶叶在原产地、制作工艺、储运过程中的各种状态。

原产地生态优良，茶树长势良好，制成的茶汤色必然清澈明亮。制作工艺精良，没有明显加工缺陷的茶，茶汤亮度好，不会发灰发暗。储运过程把控严格的茶，碎末较少，茶汤干净透明。在汤色审评中，主要从色度、亮度、清浊度三个方面来辨别茶叶品质。

色度

色度指颜色的种类，茶汤颜色主要在绿与红之间变化。这与茶的发酵程度有关，发酵愈少，汤色愈偏绿；发酵愈多，汤色愈偏红，其间有黄绿、金黄、橘红等非阶梯式的变化。通常就汤色来说，绿茶的为浅绿色，红茶的为红色，白茶的为杏黄色，熟普的为棕褐色等。只要这款茶符合该茶类的基本特征，就没有大问题。

亮度

亮度是指茶汤颜色的明暗程度，是色彩反射或透射的光亮所决定的。不管茶汤呈现出何种颜色，茶汤的整体亮度是很重要的。优质茶的茶汤往往澄澈明亮，低档茶叶的汤色偏暗淡。

清浊度

清浊度是指茶汤清澈与否，肉眼就比较容易识别，但观察判断的时候必须避免外界因素的干扰，如茶毫、茶碎末等。有些茶的茶毫比较多，如碧螺春、信阳毛尖，冲泡出的茶汤会显得浑浊，但两三泡后即可变清澈，要注意区别。好茶的茶汤可以允许有一些茶碎末沉在杯底，可使用玻璃公道杯，从侧面看清浊度更为明显。

○ 以白毫银针为例，优质茶汤，明亮通透

○ 以白毫银针为例，劣质茶汤，暗淡不明亮

不同茶具对茶汤的影响

材质分类	特点	适宜泡的茶
白瓷茶具	因色泽洁白，能反映出茶汤色泽，传热、保温性能适中，加之造型各异，是使用较广泛的器具	绿茶、红茶、白茶、乌龙茶
青瓷茶具	质地细润，釉色晶莹，青中泛蓝，如冰似玉。有的宛若碧峰翠色，有的犹如一湖春水，给人极美的视觉感受	绿茶、花茶
玻璃茶具	适宜泡名贵的细嫩绿茶，杯中轻雾缥缈，澄清一碧，芽叶缓慢舒展、舞动，亭亭玉立	绿茶、红茶
紫砂茶具	泡茶不失原味，色、香、味皆保持气韵，能使茶叶越发醇郁芳沁	红茶、乌龙茶、普洱茶、黑茶

白瓷茶具显色佳

汤色的辨别应在茶叶刚泡好后进行，趁热观察，而且选用白瓷茶具汤色呈现效果更佳。

青瓷茶具釉色好

青瓷胜在釉色，温润如玉，更能突显茶汤的色泽，适宜冲泡和品饮绿茶。但在辨别汤色上，其效果不如白瓷茶具。

玻璃茶具观感好

使用玻璃茶具，可以从侧面更明显地看出茶汤的清浊度。透明度高、观感佳是其最大的特点。

绿茶

绿叶绿汤

白茶

汤色杏黄

黄茶

黄叶黄汤

绿茶制作要经过杀青、揉捻、干燥三道工序。绿茶的水溶性成分是构成汤色的主要物质，它们主要包括黄酮醇、叶绿素、花黄素、黄烷醇等。这些成分具有极强的水溶性，在水中呈黄绿色，其中黄烷醇是最能影响汤色的。绿茶茶汤的颜色主要表现为翠绿鲜明，或绿中带黄，清澈透明。

白茶制法分为萎凋、干燥两道工序，过程简朴，没有复杂的焙火和发酵，所以那些要通过加重发酵才能在茶叶里生成的茶褐素、茶红素在白茶里极少出现。白茶与绿茶的汤色相近，主要呈黄绿色或杏黄色。白茶新茶汤色比绿茶淡一些，老白茶经过陈化，汤色会逐渐加深，呈现橙黄色。

黄茶制法与绿茶制法不同在于闷黄工序，在此过程中叶绿素被大量破坏和分解减少，部分多酚类物质被氧化为茶黄素，再加上叶黄素显露，造成黄茶呈黄色。黄茶汤色的主要呈色物质为花黄素和茶黄素，其汤色一般表现为亮黄色。

每一类茶虽然汤色不同，但有一个共同点：优质茶汤往往具备色泽明显、清晰透亮、油润饱满的特性。

乌龙茶（青茶）

汤色橙黄或棕红色

红茶

红叶红汤

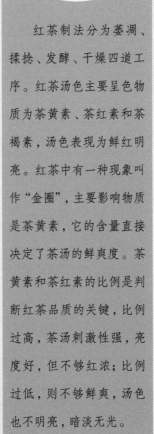

黑茶

汤色红亮

青茶制法要经过萎凋、做青、杀青、揉捻、烘焙五道工序。由于发酵程度不同，茶鲜叶中的叶绿素转化程度不同，因而呈现的干茶、茶汤颜色不同；另外，由于焙火程度的不同，茶叶颜色也不同。青茶主要呈色物质为茶黄素，并伴有适量的茶红素、儿茶素及黄酮类物质等，茶汤颜色主要表现为橙黄明亮、金黄透亮或棕红色。

红茶制法分为萎凋、揉捻、发酵、干燥四道工序。红茶汤色主要呈色物质为茶黄素、茶红素和茶褐素，汤色表现为鲜红明亮。红茶中有一种现象叫作"金圈"，主要影响物质是茶黄素，它的含量直接决定了茶汤的鲜爽度。茶黄素和茶红素的比例是判断红茶品质的关键，比例过高，茶汤刺激性强，亮度好，但不够红浓；比例过低，则不够鲜爽，汤色也不明亮，暗淡无光。

黑茶制作的主要工序在于渥堆，使原料发酵，主要呈色物质为茶红素和茶褐素，茶汤红浓醇厚，很有质感。年份短的黑茶，冲泡后茶汤会呈现黄亮的颜色，类似乌龙茶的汤色；年份较长的黑茶，正常冲泡下茶汤呈栗红色或是红褐色。黑茶的色度和亮度主要取决于茶红素和茶褐素的协调比例，比例合适，茶汤美观度高。

汤色术语

清澈：清净透明而有光泽。

鲜艳：鲜明艳丽而有活力。

鲜明：新鲜明亮而有光泽。

明亮：茶汤清净透明。

嫩绿：浅绿微黄。

黄绿：绿中带黄。

浅黄：色黄而浅。

深黄：汤黄而深，无光泽。

橙黄：黄中微带红，似橙色或橘黄色。

红汤：汤色发红，失去绿茶应有颜色。

黄暗：汤黄，无光泽。

青暗：汤色泛青，无光泽。

黄亮：茶汤黄而明亮。

金黄：茶汤清澈，以黄为主，带有橙色。

红艳：汤色红而艳，有金圈，似琥珀色。

红亮：红而透明，有光亮。

红明：红而透明，略有光彩。

浅红：汤色红而浅。

深红：汤色红而深，无光泽。

暗红：汤色红而深暗。

黑褐：汤色褐中泛黑。

棕褐：褐中泛棕。

红褐：褐中泛红。

姜黄：红茶汤中加牛乳后呈现的老姜色，汤色明亮。

棕红：红茶汤中加牛乳后呈现的棕红明亮的咖啡色。

粉红：红茶汤中加牛乳后呈现的粉红色。

灰白：红茶汤中加牛乳后呈现的灰暗乳白色，是汤质淡薄的标志。

浅薄：茶汤中可溶物少而色浅。

浑浊：茶汤中有大量悬浮物，透明度差。

冷后浑：茶汤冷却后出现的乳状浑浊现象，也称"乳凝"，是品质优良茶的表现。

沉淀物多：茶汤中沉于碗底的不溶物多。

暗：汤色不明亮。

〔明〕唐寅 事茗图（局部） 茅屋中坐一读书之士，桌案旁有壶盏，而画中左边隔间里屋有僮子在烹茶。该画描绘文人雅士日常品茶的生活景象。

十八 藏焙

数焙则首面干而香减○失焙则杂色剥而味散○要当新芽初生即焙○以去水陆风湿之气○焙用熟火置炉中○以静灰拥合七分○露火三分○亦以轻灰糁覆○良久○即置焙篓上○以逼散焙中润气○然后列茶于其中○尽展角焙之○未可蒙蔽○候火通彻覆之○火之多少○以焙之大小增减○探手炉中○火气虽热而不至逼人手者为良○时以手接茶体○虽甚热而无害○欲其火力通彻茶体尔○或曰○焙火如人体温○但能燥茶皮肤而已○内之湿润未尽○则复蒸暍矣○焙毕○即以用久竹漆器中缄藏之○阴润勿开○如此终年○再焙○色常如新○

数焙[164]【八〇】则首面干而香减，失焙[165]则杂色剥而味散。要当新芽初生即焙，以去水陆风湿之气[166]。焙用熟火[167]置炉中，以静灰拥合七分，露火三分，亦以轻灰糁(shēn)覆。良久，即置焙篓【八一】上，以逼散焙中润气[168]。然后列茶于其中，尽展角[169]焙之【八二】，未可蒙蔽，候火通彻【八三】覆之。火之多少，以焙之大小增减。探手炉中【八四】，火气虽热而不至逼人手者为良。时以手挼(ruó)[170]【八五】茶体，虽甚热而无害，欲其火力通彻茶体尔。或曰：焙火如人体温，但能燥茶皮肤而已，内之湿润未尽，则复蒸暍(yē)[171]矣。焙毕，即以用久竹漆器【八六】中缄(jiān)藏之，阴润[172]勿开。如此【八七】终年[173]，再焙，色常如新。

---

164. 数焙：焙火过于频繁。数，多次。
165. 失焙：应该焙火却没有焙火。失，欠缺。
166. 水陆风湿之气：藏茶过程中的冷湿之气。
167. 熟火：木炭烧透后的文火。
168. 润气：湿气。
169. 展角：打开包装。角，在宋代指物品的封装，或封装的单位。

170. 挼：揉搓，摩挲。
171. 暍：热气，这里指茶受到的湿热。
172. 阴润：阴湿滋润，指空气潮湿的时候。
173. 终年：过一整年。

校勘记

【八〇】数焙：涵本作"焙数"。
【八一】焙篓：涵本作"焙土"，似误。
【八二】之：底本脱，据涵本补。
【八三】通彻：底本作"速徹"，据涵本改。
【八四】探手炉中：底本作"探炉手中"，讹倒，据涵本改。

【八五】挼：涵本作"援"。
【八六】竹漆器：涵本作"漆竹器"。
【八七】如此：底本脱，据涵本补。

译　文

在贮藏期间焙火过于频繁，茶饼表面就会干燥，并且香气会减损；在贮藏期间不焙火，茶饼表面杂驳剥落，而且滋味散失。要在新芽初生之时就加以焙火，除去潮湿之气。焙火时要在炉子里生起炭火，用洁净的炭灰拥堆十分之七，露出三分火，并在火上撒盖细微的炭灰。良久之后，就将焙篓放到烤炉上，以逼散焙篓中的潮气。然后把茶饼均匀地摆列在焙篓里，打开包装，不能有遮盖。等火力通透了，翻转茶饼再焙。用火的多少根据焙篓的大小调整。把手伸到焙炉中，以火气虽热却不烫手为宜。经常用手摩挲茶饼，茶饼表面虽然发热，但不会有所损害，要让火力能够把茶饼烤得透彻才好。还有个说法是，焙火的温度达到人的体温就可以了，但这只能使茶饼表面干燥罢了，而茶饼内的湿气并未烘尽，在火力作用下茶叶内部形成湿热，需要再次烘热。茶焙完之后，就密封在用了很久的竹制漆器中保存起来，天阴潮湿的时候不可开封。过了一整年，再用火焙一下，茶色依然和新茶一样。

历代茶书

○ 唐　陆羽《茶经》○

二之具

育，以木制之，以竹编之，以纸糊之。中有隔，上有覆，下有床，傍有门，掩一扇。中置一器，贮塘煨火，令熅熅然。江南梅雨时，焚之以火。

唐代藏茶、养茶

育是藏存、保养茶的器具，因其有保养作用而得名。用微弱无焰的火来烘成品茶，能起到防潮的作用。如果在江南梅雨时节，可以加大火力。

○ 宋 蔡襄《茶录》○

藏茶

  茶宜蒻叶而畏香药，喜温燥而忌湿冷。故收藏之家，以蒻叶封裹入焙中，两三日一次用火，常如人体温温，以御湿润。若火多，则茶焦不可食。

○ 明 许次纾《茶疏》○

收藏

  收藏宜用瓷瓮，大容一二十斤。四围厚箬，中则贮茶，须极燥极新，专供此事，久乃愈佳，不必岁易。茶须筑实，仍用厚箬填紧，瓮口再加以箬，以真皮纸包之，以苎麻紧扎，压以大新砖，勿令微风得入，可以接新。

置顿

  茶恶湿而喜燥，畏寒而喜温，忌蒸郁而喜清凉。置顿之所，须在时时坐卧之处，逼近人气，则常温不寒。必在板房，不宜土室，板房则燥，土室则蒸。又要透风，勿置幽隐。幽隐之处，尤易蒸湿，兼恐有失点检。

○ 明 朱权《茶谱》○

收茶

  茶宜蒻叶而收，喜温燥而忌湿冷，入于焙中。焙用木为之，上隔盛茶，下隔置火，仍用蒻叶盖其上，以收火气。两三日一次，常如人体温温，则御湿润以养茶，若火多则茶焦。不入焙者，宜以蒻笼密封之，盛置高处。或经年，则香味皆陈，宜以沸汤渍之，而香味愈佳。凡收天香茶，于桂花盛开时，天色晴明，日午取收，不夺茶味。然收有法，非法则不宜。

蒻叶

宋代延续了唐代用陶罐、纸囊等藏茶的传统，但是有变化，就是大量使用蒻叶。蒻叶即香蒲叶，微有清香而不夺茶香。有的文献中写的是"箬叶"，材质不同，但作用一样。

明代散茶贮藏

明代盛行散茶，散茶容易受潮，贮藏比茶饼更难。所以强调容器必须是非常干燥、非常新的瓷瓮，且用的时间越久越好。另外茶叶还要围以厚箬，再包真皮纸、扎苎麻、压新砖，目的就是确保密封。

茶喜温燥忌湿冷

朱权提倡先将茶叶焙火，然后储存，这不同于现代的贮藏方法——在阴凉处贮藏，以减少茶叶物质的氧化。茶不能焙得太干，含水量在5%左右比较合适。

茶叶的贮藏法

在宋徽宗以前，茶叶贮存主要靠用火来焙，宋徽宗首次提出了密封藏茶的观点，并提倡多次烘焙。这两种方法沿用至今，产生了深远的影响，尤其是现今的岩茶，仍然提倡多次焙火。

茶叶品质的变化是茶叶中各种化学成分氧化、降解、转化的结果，对它影响最大的环境条件主要有温度、湿度、氧气、光照和微生物等。

现代茶叶的耐贮存度

黑茶　＞　白茶　＞　乌龙茶（青茶）　＞　红茶　＞　黄茶　＞　绿茶

高　　　　　　　　　　　　　　　　　　　　　　　　　　低

温度

茶叶中的氧化、聚合等化学变化与温度高低紧密相连。温度愈高，这些反应速度愈快，从而加速新茶的陈化，以及茶叶品质的损失。例如，茶叶的鲜绿色会变为褐色，内含物质也易被损耗。

水分

茶叶中水分含量在3%左右时，茶叶成分和水分子几乎呈单层分子关系，可以较好地阻止茶叶的氧化变质。茶叶中的水分含量超过6%时，会使化学反应加剧，变质加速。

空气

氧几乎能与所有元素相化合，形成氧化物。茶叶中的儿茶素、维生素C、茶多酚，以及茶黄素、茶红素，均可与氧产生氧化反应。氧参与脂类氧化产生陈味物质，影响茶叶品质。

光照

光照可以加速各种化学反应的进行，对茶叶贮藏产生极为不利的影响。例如，叶绿素受光照易褪色，戊醇、辛烯醇等光照所特有的陈味特征成分会相应增多。

存放茶叶的容器要干净、密封、避光、无异味，通常以锡罐和有盖的陶罐、瓷瓶为最佳；其次是铁听、木盒、竹盒；塑料袋和纸盒最次。其中竹盒不适宜用于在干燥的北方存放茶叶，因为易开裂造成密封失效。

铁罐

有双层铁盖的铁罐防潮性能更好。将茶叶用内膜袋或铝箔袋装好密封，再放入洁净的铁罐中即可。若想更好地保持干燥，可以在罐中放入小包干燥剂。

存茶的铁罐如果是新买的有异味，或者原先存放过其他物品而有气味，必须先消除异味。例如，将少量低档茶或茶末置于罐内，加盖后用手握罐来回摇晃，让茶叶与罐壁不断摩擦，如此经2次或3次处理，可以去除异味。这个方法较简便、快速。

装有茶叶的铁罐应放在阴凉处，避免潮湿、热源和阳光直射。一方面可以防止铁罐生锈，另一方面可以减缓罐内茶叶陈化、劣变的速度。

冰箱

冰箱适宜存绿茶、黄茶及一些轻发酵的乌龙茶。但必须注意：要防止冰箱中其他食物的气味（如鱼腥味、肉味）污染茶叶；茶叶本身必须是干燥的；茶叶包装的密封性要好；从冰箱取出茶叶后，要等茶叶放置到常温后再打开包装。

若是店铺经营有专门的冷库，建议用真空包装机等将空气抽出形成"真空"状态，或再充入氮气(或二氧化碳)后密封包装。

锡罐

锡罐适合存储少量的、平时常饮用的茶。用锡制成的茶叶罐因为自身材质的特性，密封性相对其他容器来说更强，而且因为罐身较厚实、罐颈高、温度恒定，保鲜的功能就更胜一筹。

打开锡罐时，要慢慢地提起盖子，不能左右旋转，不然容易磨花内壁，导致密封不好。合上时，将盖子放在罐口，它会慢慢自然下落，在下落过程中，挤出多余的空气，完成适合贮存的条件。密封性好的锡罐，用单手基本上是打不开的。

塑料袋

先用柔软的棉纸或牛皮纸将茶叶包好，放入塑料袋内。如果短时间内不取用，要把袋口封死。如今市面上有专门用于存放茶叶的自封袋、铝箔袋、牛皮纸袋等，防潮隔空气，密封效果较好，可用于日常茶叶的存放。但一定要注意，要选择食品级包装袋，还要选密封性好的。

○ 铝箔袋　　　　　○ 牛皮纸袋

陶罐

陶罐泛指各类陶制的罐、坛、瓶,如紫砂、紫陶等。选用陶罐作为存茶容器时,最好用牛皮纸或其他较厚的纸把茶叶包好,贮藏前要注意检查茶叶的含水量(手捻茶叶,如果成粉末状,则含水量恰当)。

将茶叶置入陶罐,中间放置石灰包(或木炭、食品用硅胶),然后用棉或厚纸垫放于罐口,盖上盖子,以减少空气流通。若石灰颜色变深,呈粉末状,就需更换,一般1~2个月更换一次。

这类贮藏法一般用于新制的茶收灰去火,如西湖龙井,置于陶罐中可保存半年左右。没有上釉的土陶缸适宜存放可以后期转化的茶,如普洱散茶,因为土陶缸有利于茶的呼吸、陈化。

适宜贮存茶叶的环境也很讲究,例如,存茶的空间应选阴凉、干燥、通风的地方,不能将茶叶放在高温、潮湿、不洁、阳光直射的地方。茶叶不能与化妆品、烟酒、药物等有强烈气味的东西同时存放,因为茶叶具有吸附性,会吸收异味引发串味。茶叶喜欢"群居",如果条件允许,一定数量的茶最好放在一起,不要分散存放。

某种意义上存茶和酿酒一样,储存茶叶的仓就类似于酒窖,足够的量才能达到仓的规模。陈放到一定的时间会产生一个微生物生态系统,尤其是茯砖茶,其中特有的金花菌落(学名"冠突散囊菌")不仅能够转化茶叶的内质,还能够提高茶叶的色、香、味,所以茯砖茶越陈越香。

○ 没有上釉的陶罐外表拙朴,但材质透气,适合需要后期产生变化的茶,也特别适合老乌龙茶或普洱茶的醒茶

〔明〕文徵明　真赏斋图（局部）　作者好友建于太湖边的真赏斋，是文人墨客鉴赏交流、品茗论道的场所。图中主客在屋中品画论文，僮子在隔屋烹茶以待。

十九　品名

名茶◎各以所产之地◎如叶耕之平园台星岩◎叶刚之高峰青凤髓◎叶思纯之大岚◎叶屿之

屑山◎叶五崇林之罗汉山水叶茶◎叶坚之碎石窠石白窠（一作六窠）◎叶琼叶辉之秀皮林◎叶师复

师贶之虎岩◎叶椿之无双岩芽◎叶懋之老窠园◎渚叶各擅其美◎未云混淆◎不可概举◎后

相争相鬻◎互为剥窃◎参错无据◎曾不思茶之美恶者◎在于制造之工拙而已◎岂岗地之虚

名所能增减哉◎焙人之茶◎固有前优而后劣者◎昔负而今胜者◎是亦园地之不常也◎

名茶，各以所产【八八】之地¹⁷⁴。如叶耕【八九】之平园、台星岩，叶刚之高峰青凤髓，叶思纯之大岚，叶屿之屑山【九〇】，叶五崇林之罗汉山【九一】、水叶芽【九二】，叶坚之碎石窠、石臼窠（一作穴窠【九三】），叶琼、叶辉之秀皮林，叶师复、师贶之虎岩，叶椿之无双【九四】岩芽，叶懋之老窠园。诸【九五】叶各擅其美¹⁷⁵，未尝混淆，不可概举。后相争相鬻¹⁷⁶【九六】，互为剥窃¹⁷⁷，参错无据。曾不思茶之美恶者【九七】，在于制造之工拙而已，岂岗地之虚名所能增减哉！焙人¹⁷⁸之茶，固有前优而后劣者，昔负而今胜者，是亦园地之不常也。

174. 名茶，各以所产之地：名茶以所产的地方命名。下文中叶某某是北苑一带的茶农，"之"后跟着的是茶园的名字，也是所产茶叶的名称。随着时代的发展，名茶有盛有衰，至旋生旋灭，即下文所言"是亦园地之不常也"。今大部已不存。

175. 各擅其美：各自专享其美名。

176. 后相争相鬻：互相竞争出售。

177. 互为剥窃：相互之间剽剥冒充。

178. 焙人：制茶者。

校勘记

【八八】所产：底本作"圣产"，据涵本及《续茶经》改。

【八九】如叶耕：底本作"叶如耕"，讹倒，据涵本改。

【九〇】屑山：涵本误作"眉山"。

【九一】山：底本作"上"，据涵本改。

【九二】叶芽：底本作"桑芽"，据涵本改。

【九三】一作穴窠：原书注文，涵本作"一作突窠"，形讹。

【九四】双：底本作"又"，据涵本改。

【九五】诸：底本脱，据《东溪试茶录》补。

【九六】后相争相鬻：涵本作"前后争鬻"。

【九七】曾不思茶之美恶者：曾、者，底本无，据涵本补。思，底本作"知"，据涵本改。者，底本脱，据涵本改。

译　文

　　名茶皆以所产的地方来命名。就像茶农叶耕的茶名为平园、台星岩，叶刚的茶名为高峰青凤髓，叶思纯的茶名为大岚，叶屿的茶名为屑山，叶五崇林的茶名为罗汉山、水叶芽，叶坚的茶名为碎石窠、石臼窠，叶琼、叶辉的茶名为秀皮林，叶师复、叶师贶的茶名为虎岩，叶椿的茶名为无双岩芽，叶懋的茶名为老窠园。各自专享其美名，不曾混淆，其他就不一一列举了。后来这些名茶相互剽剥冒充，错乱又没有依据。殊不知茶的好坏，全取决于制造工艺的优劣，哪里是所产地的虚名所能决定的？茶农焙出的茶，固然有以前质优而后来质劣的，也有先前失败而今日成功的，这也表明出产名茶的园地不是固定不变的。

古今名茶风云

从宋徽宗的描述来看，宋代名茶也深陷被仿冒的困扰之中。名茶之所以为名茶，往往有一定的历史渊源或一定的人文地理条件，加上制茶师的精湛工艺，故我国名茶层出不穷。我国历代贡茶，各产茶地区历史上曾生产的优质茶，获得文人雅士好评的茶，都属于历史名茶。

唐代名茶

据陆羽《茶经》和李肇《唐国史补》等历史资料记载，唐代名茶计有50余种，大部分是蒸青团饼茶，少量是散茶。

名茶代表

○ **顾渚紫笋**，又名顾渚茶、紫笋茶，产于浙江长兴。

○ **阳羡茶**，又名义兴紫笋，产于江苏宜兴。

○ **寿州黄芽**，又名霍山黄芽，产于安徽霍山。

○ **蒙顶石花**，又名蒙顶茶，产于四川雅安蒙山地区。

○ **靳门团黄**，产于湖北靳春。

○ **衡山茶**，产于湖南衡山，其中以石廪茶最著名，其次还有镮林茶。

○ **鸠坑茶**，产于浙江淳安。

○ **六安茶**，产于安徽六安，其中"小岘春"最出名。

○ **仙人掌茶**，产于湖北当阳，属蒸青散茶，仙人掌状。

○ **蜡面茶**，又名建茶、武夷茶、研膏茶，产于福建建瓯。

○ **径山茶**，产于浙江余杭。

○ **横牙/雀舌/鸟嘴/麦颗/片（鳞）甲/蝉翼**，产于四川都江堰一带，属著名的蒸青散茶。

○ 径山茶始栽于唐代，是浙江历史悠久的茶之一，其外形细嫩、毫毛细密。南宋时径山茶宴传入日本，成为日本茶道之源

宋代名茶

据《宋史·食货志》、宋徽宗《大观茶论》、熊蕃《宣和北苑贡茶录》和赵汝砺《北苑别录》记载，宋代名茶计有90余种。这个阶段仍以蒸青团饼茶为主，各种名目翻新的龙凤团茶是宋代贡茶的主体。斗茶之风的盛行促进了各产茶地不断创造出新的名茶，散芽茶种类也不少。

名茶代表

○ **建茶**，又称北苑茶、建安茶，产于福建建安，宋代贡茶主产地。著名的贡茶有龙凤茶、京铤、石乳、的乳、白乳、龙团胜雪、白茶、贡新铤、试新铤、北苑鲜春等。

○ **顾渚紫笋**，产于浙江长兴。

○ **阳羡茶**，产于现江苏宜兴。

○ **日铸茶**，又名日注茶，产于浙江绍兴。

○ **谢源茶**，产于江西婺源。

○ **双井茶**，又名洪州双井、黄隆双井、双井白芽，产于江西修水、江西南昌，属芽茶（即散茶）。

○ 顾渚紫笋为历代贡茶，陆羽曾把它列为"茶中第一"，明末清初一度消失，20世纪70年代被复原。现代顾渚紫笋成茶外形翠绿，并无紫色

○ **雅安露芽、蒙顶茶**，产于四川雅安。

○ **青凤髓**，产于福建建瓯。

○ **普洱茶**，又称普茶，产于云南西双版纳，集散地在普洱。

○ **天台茶**，产于浙江台州。

○ **白云茶/香林茶/宝云茶**，产于浙江杭州。

○ **虎丘茶**，产于江苏苏州虎丘山。

○ **信阳茶**，产于河南信阳。

○ **武夷茶**，产于福建武夷山。

○ 苏东坡评价淮南茶，认为信阳茶第一。现今市面上的信阳茶多属于名优绿茶，外形墨绿细圆，冲泡后汤色碧绿，滋味醇厚

明代名茶

明代开始废团茶兴散茶，蒸青团茶虽有，但蒸青和炒青的散茶逐渐占据主流。据顾元庆《茶谱》、屠隆《茶笺》和许次纾《茶疏》等记载，明代名茶计有50余种。

名茶代表

○ **蒙顶石花、玉叶长春**，产于四川雅安蒙山地区。

○ **顾渚紫笋**，产于浙江长兴。

○ **碧涧、明月**，产于湖北宜昌。

○ **火井、思安、孟冬、铁甲**，产于四川邛崃。

○ **西湖龙井**，产于浙江杭州。

○ **罗岕茶**，又名岕茶，产于浙江长兴，与顾渚紫笋类同。

○ **武夷岩茶**，产于福建崇安武夷山。

○ **普洱**，产于云南西双版纳，集散地在普洱。

○ **歙县黄山**，又名黄山云雾，产于安徽黄山。

○ **新安松萝**，又名徽州松萝、琅源松萝，产于安徽休宁北乡松萝山。

○ 条索紧结、乌褐油润的外形，如梅似兰的馥郁香气，让武夷岩茶在明代中期就已闻名，所以当时有"贡茶唯有武夷胜"的说法

现代名茶

中国现代名茶有数百种之多，根据历史分析，可分为传统名茶（如西湖龙井、庐山云雾、洞庭碧螺春等）、恢复历史名茶（如休宁松萝、涌溪火青、蒙顶甘露等）和新创名茶（如南京雨花茶、都匀毛尖、金骏眉等）。近年来，全国各茶区十分重视名茶的开发研究，新创名茶层出不穷，加上全国各地各种名茶评比活动的开展，诸如评比会、斗茶赛、博览会等，更促进了名茶生产的发展。国外如1915年在美国举办的巴拿马万国博览会上，中国众多名茶荣获大奖章、名誉奖章、金牌奖章等各类奖项；2001年美联社和《纽约日报》也都评选过十大名茶。在国内外评优、获奖的名茶数不胜数，仅"中国十大名茶"在不同时期就有多种说法。

中国十大名茶历次评选

1956 年香港《大公报》刊登的"十大名茶"

○ 西湖龙井

○ 泉冈辉白

○ 黄山毛峰

○ 祁门红茶

○ 太平猴魁

○ 六安瓜片

○ 四川蒙顶

○ 洞庭碧螺春

○ 信阳毛尖

○ 武夷岩茶

1959 年国家农业部全国"十大名茶"评比

○ 西湖龙井

○ 洞庭碧螺春

○ 黄山毛峰

○ 庐山云雾茶

○ 六安瓜片

○ 君山银针

○ 信阳毛尖

○ 武夷岩茶

○ 安溪铁观音

○ 祁门红茶

1982 年国家商业部全国名茶评选

○ 西湖龙井

○ 碧螺春

○ 黄山毛峰

○ 君山银针

○ 白毫银针

○ 六安瓜片

○ 信阳毛尖

○ 都匀毛尖

○ 武夷肉桂

○ 铁观音

1999 年《解放日报》刊登中国十大名茶

○ 江苏碧螺春

○ 西湖龙井

○ 安徽黄山毛峰

○ 安徽六安瓜片

○ 恩施玉露

○ 福建铁观音

○ 福建银针

○ 云南普洱茶

○ 福建云茶

○ 江西庐山云雾茶

2002 年《香港文汇报》评选的"十大名茶"

○ 西湖龙井

○ 江苏碧螺春

○ 安徽黄山毛峰

○ 福建银针

○ 信阳毛尖

○ 安徽祁门红茶

○ 安徽六安瓜片

○ 都匀毛尖

○ 武夷岩茶

○ 福建铁观音

2017 年中国国际茶叶博览会中国茶叶区域十大公用品牌

○ 西湖龙井

○ 信阳毛尖

○ 安化黑茶

○ 蒙顶山茶

○ 六安瓜片

○ 安溪铁观音

○ 普洱茶

○ 黄山毛峰

○ 武夷岩茶

○ 都匀毛尖

［明］仇英 玉洞仙源图（局部）图中一个高士面溪盘膝，停琴静息，背后有侍童或煮茶、或端盘、或陈设。该画洋溢着悠闲的隐逸气息。

二十　外焙

世称外焙之茶，斋小而色驳，体好而味淡，方之正焙，昭然可别。近之好事者，箧笥之中，往往半之。蓄外焙之品。盖外焙之家，久而益之。制造之妙，咸取则于壑源，效像规模，摹外为正。殊不知其斋虽等而蔑风骨，色泽虽润而无藏蓄，体虽实而缜密之理，味虽重而涩滞之香。何所逃乎外焙哉。虽然，有外焙者，有浅焙者。盖浅焙之茶，去壑源为未远，制之能工，则色亦莹白，击拂有度，则体亦立汤，惟甘重香滑之味，稍远于正焙耳。至于外焙，则迥然可辨。其有甚者，又至于采柿叶橹榄之萌，相杂而造。味虽与茶相类，点时隐隐如轻絮泛然。茶面粟文不生，乃其验也。桑苎翁曰，杂以卉莽，饮之成疾。可不细鉴而熟辨之。

世称外焙之茶，銮小而色驳[179]，体好[九八]而味淡[180]，方之正焙，昭然可别[九九]。近之好事者，篋笥之中，往往半之蓄外焙之品。盖外焙之家，久而益工，制造[一〇〇]之妙，咸取则[一〇一]于壑源[181]。效像规模[182]，摹外[一〇二]为正。殊不知其[一〇三]銮虽等而蔑风骨[183]，色泽虽润而无藏蓄，体虽实而缜密乏理[一〇四]，味虽重而涩滞乏香[一〇五]，何所逃乎外焙哉！虽然，有外焙者，有浅焙者。盖浅焙之茶，去壑源为未远，制之能工[一〇六]，则色亦莹白；击拂有度，则体亦立汤。惟甘重香滑之味，稍远[一〇七]于正焙[184]耳。至于[一〇八]外焙，则迥然可辨。其有甚者，又至于采柿叶、桴榄[185]之萌，相杂而造。味虽与茶相类，点时隐隐如轻絮泛然[186]，茶面粟文不生，乃其验也。桑苎翁[187]曰："杂以卉莽，饮之成疾[一〇九]。"可不细鉴而熟辨[188]之！

179. 銮小而色驳：茶叶体形瘦小，颜色混杂不正。銮，本指小块的肉，这里指茶饼。

180. 体好而味淡：外表好看，滋味淡薄。

181. 咸取则于壑源：以壑源为规范（来模仿）。壑源，正焙核心产地。

182. 效像规模：模仿其棬模的样式、图案。

183. 其銮虽等而蔑风骨：形制虽然相等但缺少正焙的气质。风骨，这里指茶的气质。

184. 稍远于正焙：与正焙相比稍有差距。

185. 柿叶、桴榄：这里指两者的嫩芽可采来混杂在茶芽中一起制茶，用来冒充正焙茶。

186. 隐隐如轻絮泛然：点茶的时候能看到隐隐约约的毫毛。

187. 桑苎翁：指陆羽，"桑苎翁"是陆羽的号。

188. 细鉴而熟辨：仔细鉴别分辨。

校勘记

【九八】 体好：底本作"体耗"，据涵本改。

【九九】 可别：底本原作"则可"，据涵本改。

【一〇〇】 造：底本脱，据涵本补。

【一〇一】 取则：涵本作"取之"，误。

【一〇二】 外：涵本作"主"，误。

【一〇三】 其：涵本作"至"。

【一〇四】 缜密乏理：涵本作"膏理乏缜密之文"。

【一〇五】 涩滞乏香：涵本作"涩滞乏馨香之美"。

【一〇六】 能工：涵本作"虽工"，据上下文意，底本义胜。

【一〇七】 远：疑当作"逊"。

【一〇八】 至于：底本作"于治"，据涵本改。

【一〇九】 成疾：底本、涵本等皆为"成病"，《茶经》作"成疾"，义长。

译文

　　所谓"外焙"茶，茶叶体形瘦小、颜色不正，外表好看但滋味淡薄，和"正焙"茶相比，可以明显地辨别出来。近年来有些好事之人，常常在装茶的筐笥里藏一半"外焙"茶，以次充好。制作"外焙"茶的茶工，模仿"正焙"久了，也越做越精巧，完全取法北苑、壑源"正焙"的样式，把"外焙"茶仿制成了"正焙"茶的模样，惟妙惟肖。却不知茶饼的形制虽然相同，可仍缺少"正焙"的风骨；色泽虽然也算莹润，可缺少内在的底蕴；茶质虽然还算厚实，可缺少细密的纹理；茶味虽然浓厚，可口感涩滞缺乏馨香，怎么能逃脱"外焙"的本质呢？虽然这样，茶中依然还是有"外焙""浅焙"的存在。"浅焙"的茶与壑源"正焙"的茶相差不远，如若制造精巧，颜色也能晶莹洁白。点茶时，如果击拂有度，汤花乳沫也能发立出来，只是甘、香、重、滑的味道，比起"正焙"茶还是稍逊一等。至于外焙的茶，差别则很大，能够明显地辨别出来。还有一些更过分的，甚至采摘柿叶、橄榄嫩芽，同茶叶掺杂起来制造，其味道虽与茶叶相似，但点茶时有隐隐的轻絮似的东西漂浮起来，茶汤表面无法形成粟纹似的汤花，这正是掺假的明证啊！桑苎翁（陆羽）曾经说过："杂以卉莽，饮之成疾。"这一点，喝茶的人怎能不仔细鉴别分辨呢！

历代茶书

○ 唐 陆羽《茶经》○

一之源

　　采不时，造不精，杂以卉莽，饮之成疾。

饮茶成疾

陆羽认为采摘不适时、制造不精细、夹杂了野草败叶的茶叶，喝下去会生病。

古今的"打假"与"鉴真"

自茶叶兴盛之时起，名茶的造假就如影随形，屡禁不绝，即使是皇帝，也给不出客观的"鉴真"标准，只能通过观察和品鉴，来不断丰富经验。假茶存在，其背后是利益的驱使，但从另一个角度来看，这也促进了制茶技术的提升与精进。古往今来，造假手法形形色色，在现代社会科技的支持下，造假手段更是层出不穷，消费者需要有良好的鉴别能力。

产地造假

本章节原文中的"正焙"与"外焙"的区别之一就在于产地，正焙指专门制造北苑贡茶的官焙，即北苑的核心产区，外焙是"正焙"之外的产区。这种情况如今依旧存在，如西湖龙井，在产地范围上可分为西湖龙井、钱塘龙井、越州龙井、浙江龙井等；又如武夷山桐木关的正山小种，有"正山""外山"的说法。

生态原产地保护产品

○ 现在很多名茶有国家承认的标识，在一定程度上可以抑制产地造假。以西湖龙井为例，既可扫描二维码，又可刮开涂层，查验真伪，追溯茶源，结合防伪标签上的网址、序列码、重量等，消费者相当于拥有了商品的"身份证"

人工调香调色

有些商家通过违规添加工业色素或香精来使茶叶的品相更好、价格更高。例如，工业色素"铅铬绿（黄）"可以让绿茶更绿（黄）；铁粉可以让茶叶色泽更好看；滑石粉能让茶叶更白，还能增重；通过添加合成香精增加花茶香气；加点甘草酸钠还能增加回甘度。前几年被媒体曝光的"染色碧螺春""掺糖正山小种""染白银针""香精乌龙茶"等就是这类手法的产物。

陈茶翻新

这种情况多发生在绿茶中，绿茶陈茶的价格要远低于春茶，往往前一年卖不掉的，第二年低温烘一下再当新茶卖。部分恶劣的商家甚至进行染色翻新，这是瞄准了消费者对新茶上市时间不确定的心理。但直接拿陈茶当新茶卖的风险太大，这些商家更多的是按一定比例把陈茶掺杂在新茶里售卖，消费者不容易辨别。

陈化做旧

黑茶和白茶都有越陈越香的说法。由于历史原因，存世的老茶数量有限，属于稀缺资源。在市场巨大的需求量面前，经过各种"人工干预"，各类老茶层出不穷。归根到底，老茶的造假手法离不开"做旧"二字。

常见茶叶造假手法

造假级别	具体行为
入门版	在外包装上故意篡改时间，伪装成老茶
初级版	拿后期快速转化的湿仓茶冒充老茶
进阶版	技术性做旧，人为制造高温密闭环境，将茶叶存储其中，反复增温增湿，使茶叶因为温度及湿度的急剧变化而快速"变老"。这种环境里出来的茶叶"外强中干"，外表看着像老茶，内质早已被破坏，失去原味
无底线版	使用高锰酸钾、鞋油等化学药剂来染色，用膀胱等动物组织包裹晾干，以达到以假乱真的目的

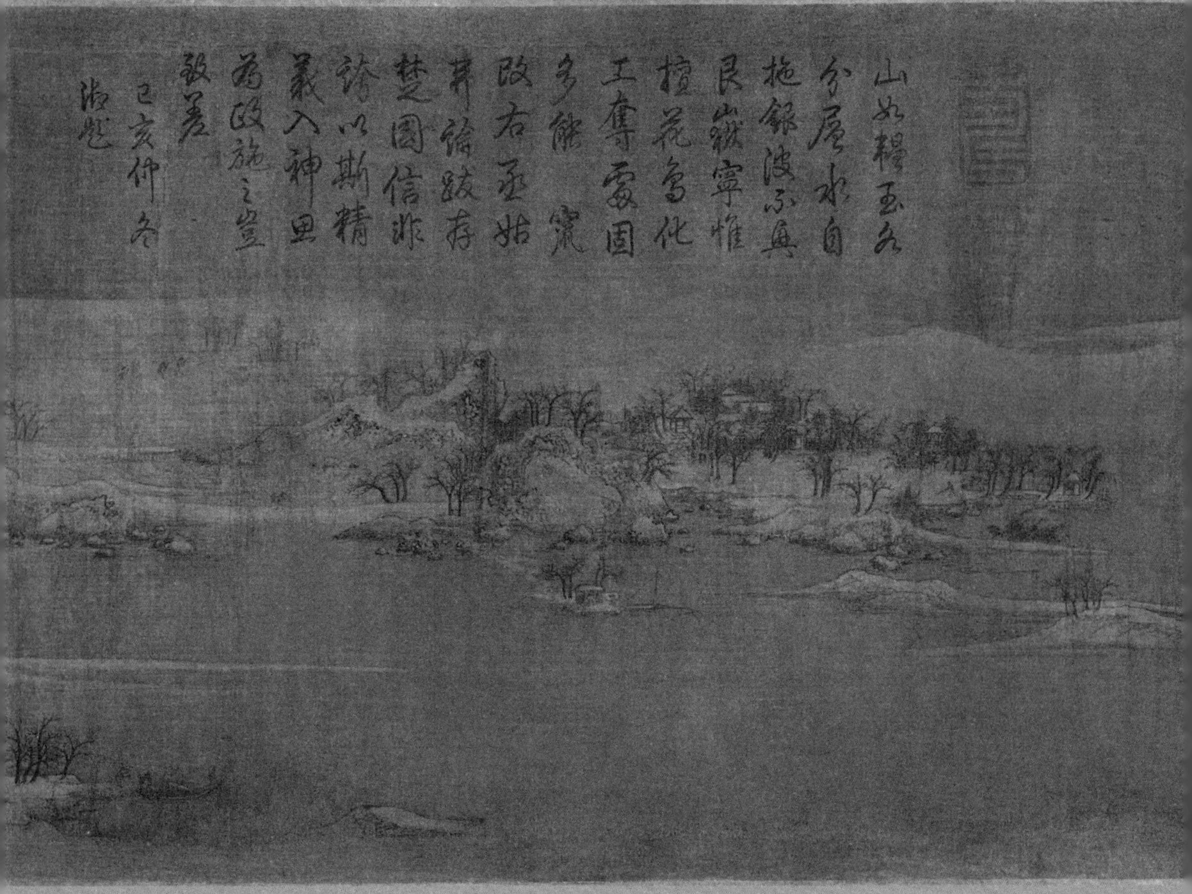

山紫稜玉石
分屋水自
拖銀波不真
民嵗寧惟
檀花多化
工尃寰固
多傑宽
改右丞姑
井鋳跋存
諳以斯精
楚園信非
義入神里
為政施之豈
敏若
己亥仲冬
沖悲

缙绅之士韦布之流〇沐浴膏泽〇熏陶德化〇咸以雅尚相推〇从事茗饮〇故近岁以来〇采择之精〇制作之工〇品第之胜烹点之妙〇莫不咸造其极〇